MAGICAL
CHEMISTRY

神秘化学世界

人体中
神奇的化学

徐冬梅◎主编

H₂O

CO₂

北方妇女儿童出版社

图书在版编目（CIP）数据

人体中神奇的化学／徐东梅主编 . — 长春：
北方妇女儿童出版社，2012. 11（2021. 3 重印）
（神秘化学世界）
ISBN 978 – 7 – 5385 – 6892 – 9

Ⅰ . ①人… Ⅱ . ①徐… Ⅲ . ①人体生物化学 – 青年读
物②人体生物化学 – 少年读物 Ⅳ . ①Q5 – 49

中国版本图书馆 CIP 数据核字〔2012〕第228721号

人体中神奇的化学
RENTI ZHONG SHENQI DE HUAXUE

出 版 人	李文学
责任编辑	赵　凯
装帧设计	王　璿
开　　本	720mm × 1000mm　1/16
印　　张	12
字　　数	140 千字
版　　次	2012 年 11 月第 1 版
印　　次	2021 年 3 月第 3 次印刷
印　　刷	汇昌印刷（天津）有限公司
出　　版	北方妇女儿童出版社
发　　行	北方妇女儿童出版社
地　　址	长春市福祉大路 5788 号
电　　话	总编办：0431–81629600
定　　价	23.80 元

前　言
PREFACE

　　世界是物质的，物质又是多样的，尤以人体中的物质最为奇特。迄今为止，科学家对人体中的化学物质和化学反应还不能完全解释清楚。但可喜的是，随着生物化学的逐步发展，人体中神奇的化学也将不断地被揭开。

　　实际上，人的身体就发生着有趣的化学反应。比如我们每天要饮食，可到底转化成了什么营养物质；人体中有多少种化学元素，哪些元素对我们人体的健康是有益的；身体中大量存在的碳氢氧氮分子，又是怎么回事等等。

　　本书介绍的就是我们人体当中形形色色的化学及化学反应。我们知道，人体中的各种化学元素以及营养物质为我们的躯体提供了必要的能量，它们是人体中一切化学反应的前提，通过人体中物质的反应促进了身体的新陈代谢。我们的人体就像一个复杂的"化工厂"，体内的化学反应虽然很多，但各个化学反应之间却衔接得浑然一体。

　　本书告诉我们在日常生活当中应注意加强各方面的营养，合理安排膳食结构，不挑食偏食，并详细地讲解了人体当中各类营养物质在机体内的化学反应。从而使我们能够对人体的生命活动有一个清楚的了解，认识到生命活动的特征，学会生理保健，以帮助我们科学饮食，加强营养，保持一个健康的体魄。

　　本书在编写过程中，十分注重科学性与普及性的结合，以通俗易懂的语言，深入浅出的事例，介绍了相关的化学知识和生活知识，是青少年读者了解人体化学的一本知识拓展书。

　　由于编者水平和视野所限，加之生物化学学科发展日新月异，全书涉及内容跨度大，知识多，书中的错误和不足之处在所难免，敬请读者指正。

Contents
目　录

人体中重要的有机营养

人体中奇妙的化学反应

人体之中有化学

我们知道，化学是研究物质的组成、结构、性质以及变化规律的学科。而动植物就是由各种化学物质组成的，人体也不例外。人体的新陈代谢就是一个复杂的化学反应过程，每时每刻都有成百上千的化学物质和化学反应在进行着。如果这些化学反应一旦停止，人的生命也就意味着结束。所以现在有一门生物学的分支学科叫生物化学，正在方兴未艾地蓬勃发展。

人体中包含的化学元素

自然中的一切物质都由化学元素组成，人体也不例外，人体内至少含有 60 种化学元素，与生命活动密切相关的元素被称为生命元素。这些元素对我们的健康起着举足轻重的作用。那么我们的体内到底有哪些化学元素呢？这些元素对人体分别有什么作用呢？人体中的必需元素有那些呢？微量元素又有哪些呢？

据报载，美国的化学及土壤局花了不少钱来计算人体所含的化学和矿物质成分，所得结果如下：65%氧、18%碳、10%氢、3%氮、1.5%钙、

1%磷、0.35%钾、0.25%硫、0.15%钠、0.15%氯、0.05%镁、0.0004%铁、0.00004%碘。另外，还发现人体含有微量的氟、硅、锰、锌、铜、铝和砷。这些元素虽然很少，可是这些元素组合在一起创造的生命却是无价的。

按重量百分比计算，人体内的主要化学元素碳、氢、氧和氮，占人体重量的96%。这4种化学元素是有机化学的基础物质，所以可以说人体的96%是有机物。人体的剩余部分由其他有机物和无机物组成，其中大部分是矿物质。碳、氢、氧、氮和钙（1.5%）加在一起，总共占人体的97.5%。其余的2.5%包括40多种元素，如磷、硫、钾、钠、氯、镁、铁、锌、氟、铷、锶、铜、碘等。其中前6种占体重的0.5%～1%；从第七种以后，在人体里的含量分别只占0.1%以下，被称为人体里的微量元素。一般都认为，人体必需的微量元素有9种：铁、氟、锌、铜、铬、锰、碘、钼、钴。人体里必需的微量元素，对生命的正常新陈代谢是重要的，缺了不可，多了也会出现病态。所以，人体的元素组成和环境有密切的关系。注意摄入食物的元素组成，消除环境污染。

在天然的条件下，地球上或多或少地可以找到90多种元素，根据目前掌握的情况，多数科学家比较一致的看法，认为生命必需元素共有28种，包括氢、硼、碳、氮、氧、氟、钠、镁、硅、磷、硫、氯、钾、钙、钒、铬、锰、铁、钴、镍、铜、锌、砷、硒、溴、钼、锡和碘。

硼是某些绿色植物和藻类生长的必需元素，而哺乳动物并不需要硼，因此，人体必需元素实际上为27种。在28种生命必需的元素中，按体内含量的高低可分为宏量元素（常量元素）和微量元素。

化学元素

宏量元素（常量元素）指含量占生物体总质量0.01%以上的元素，如氧、碳、氢、氮、磷、硫、氯、钾、钠、钙和镁。这些元素在人体中的含量均在0.03%～62.5%之间，这11种元素共占人体总质量的 99.95%。

微量元素指占生物体总质量 0.01% 以下的元素，如铁、硅、锌、铜、溴、锡、锰等。这些微量元素占人体总质量的 0.05% 左右。它们在体内的含量虽小，但在生命活动过程中的作用是十分重要的。

化学元素

化学元素指自然界中一百多种基本的金属和非金属物质，它们只由一种原子组成，其原子中的每一核子具有同样数量的质子，用一般的化学方法不能使之分解，并且能构成一切物质。1923 年，国际原子量委员会作出决定：化学元素是根据原子核电荷的多少对原子进行分类的一种方法，把核电荷数相同的一类原子称为一种元素。

人体概况

人体表面是皮肤。皮肤下面有肌肉和骨骼。

在头部和躯干部，由皮肤、肌肉和骨骼围成为两个大的腔：颅腔和体腔。颅腔和脊柱里的椎管相通。颅腔内有脑，与椎管中的脊髓相连。体腔又由膈分为上下两个腔：上面的叫胸腔，内有心、肺等器官；下面的叫腹腔，腹腔的最下部（即骨盆内的部分）又叫盆腔，腹腔内有胃、肠、肝、肾等器官，盆腔内有膀胱和直肠，女性还有卵巢、子宫等器官。

骨骼结构是人体构造的关键，在外形上决定着人体比例的长短、体形的大小以及各肢体的生长形状。人体约有 206 块骨，组成人体的支架。

人体《空间医学》是通过调整人体内部，存在的各空间部分之能量场的运动和功能，净化人体内部空间，为细胞的辐射与吸收提供良好的空间环境，同时推动与撞击各细胞群体，激活、改善细胞的活力，恢复细胞的消化、吸收功能，从而发挥和调整人体本身潜能状态，进而达到防治疾病及健康长寿的目的。

《空间医学》继承和发扬了我国传统医学精华，并融汇西医的细胞理论，以及传统中医"天人合一"、养生健身、整体治疗、增智开慧等完美体现，是试创中医唯象理论的成功尝试。

化学元素在人体中的含量

有人对海水、古代人体和现代人体中一些微量元素的含量进行比较，发现它们之间存在着一些关联，说明生物进化与生存环境有关。人类在适应生存和进化中，逐渐形成了一套摄入、排泄和适应环境元素的保护机制，所以人体内的元素含量水平无论是宏量元素还是微量元素，都是经过长期进化形成的。

人体内各种宏量元素和微量元素的标准含量

元素	人体含量（g）	所占体重%	元素	人体含量（g）	所占体重的%
氧 O	45000.0	65.00	钙 Ca	1050.0	1.50
碳 C	12600.0	18.00	磷 P	700.0	1.00
氢 H	7000	10.00	硫 S	175.0	0.25
氮 N	2100.0	3.00	钾 K	140.0	0.20
钠 Na	105.0	0.15	钛 Ti	<0.015	$<2.1 \times 10^{-5}$
氯 Cl	105.0	0.15	镍 Ni	<0.010	$<1.4 \times 10^{-5}$
镁 Mg	35.0	0.05	硼 B	<0.010	$<1.4 \times 10^{-5}$
铁 Fe	4.0	0.0057	铬 Cr	<0.006	$<8.6 \times 10^{-5}$
锌 Zn	2.300	0.0033	钌 Ru	<0.006	$<8.6 \times 10^{-5}$
铷 Rb	1.200	0.0017	铊 Tl	<0.006	$<8.6 \times 10^{-5}$
锶 Sr	0.140	2×10^{-4}	锆 Zr	<0.006	$<8.6 \times 10^{-5}$
铜 Cu	0.100	1.4×10^{-4}	钼 Mo	<0.005	$<7.0 \times 10^{-6}$

续表

元素	人体含量（g）	所占体重%	元素	人体含量（g）	所占体重的%
铝 Al	0.100	1.4×10^{-4}	钴 Co	<0.003	$<4.3 \times 10^{-6}$
铅 Pb	0.080	1.1×10^{-4}	铍 Be	<0.002	$<3.0 \times 10^{-6}$
锡 Sn	0.030	4.3×10^{-5}	金 Au	<0.001	$<1.4 \times 10^{-6}$
碘 I	0.030	4.3×10^{-5}	银 Ag	<0.001	1.4×10^{-6}
镉 Cd	0.030	4.3×10^{-5}	锂 Li	$<9.0 \times 10^{-4}$	1.3×10^{-6}
锰 Mn	0.020	3.0×10^{-5}	铋 Bi	$<3.0 \times 10^{-4}$	4.3×10^{-6}
钡 Ba	0.016	2.3×10^{-5}	钒 V	$<10.0 \times 10^{-4}$	1.4×10^{-6}
砷 As	<0.100	$<4.3 \times 10^{-4}$	铀 U	$<2.0 \times 10^{-5}$	3.0×10^{-6}
锑 Sb	<0.090	$<1.3 \times 10^{-4}$	铯 Cs	$<1.0 \times 10^{-5}$	1.4×10^{-6}
镧 La	<0.500	$<7.0 \times 10^{-5}$	镓 Ga	$<2.0 \times 10^{-6}$	3.0×10^{-6}
铌 Nb	<0.050	$<7.0 \times 10^{-5}$	镭 Ra	$<10.0 \times 10^{-10}$	1.4×10^{-6}

人体中大约65%是水，余下的35%固体物质中，绝大部分是宏量元素。

宏量元素

宏量元素，也叫大量元素，指含量占人体总重量万分之一以上的元素，主要由钙、钾、磷、硫、氯、镁、钠7种元素组成，多以矿物盐的形式存在人体，如骨骼、牙齿中的钙和磷，蛋白质中的硫、磷和氯等；人体体液中的钾和钠。宏量元素在机体中的主要生理作用是维持细胞内、外液的渗透压的平衡，调节体液的酸碱度，形成骨骼支撑组织，维持神经和肌肉细胞膜的生物兴奋性，传递信息使肌肉收缩，使血液凝固以及酶活化等。任何一种元素的缺失或者过量都有可能导致机体发生异常甚至病变。

人体的结构

人体由无机物和有机物构成。无机物主要为钠、钾、磷和水等，有机物主要为糖类、脂类、蛋白质与核酸等。

人体结构的基本单位是细胞。细胞之间存在着非细胞结构的物质，称为细胞间质。

细胞可分为三部分：细胞膜、细胞质和细胞核。细胞膜主要由蛋白质、脂类和糖类构成，有保护细胞，维持细胞内部的稳定性，控制细胞内外的物质交换的作用。细胞质是细胞新陈代谢的中心，主要由水、蛋白质、核糖核酸、酶、电解质等组成。细胞质中还悬浮有各种细胞器。主要的细胞器有线粒体、内质网、溶酶体、中心体等。细胞核由核膜围成，其内有核仁和染色质。染色质含有核酸和蛋白质。核酸是控制生物遗传的物质。

神经组织由神经元和神经胶质细胞构成，具有高度的感应性和传导性。神经元由细胞体、树突和轴突构成。树突较短，像树枝一样分支，其功能是将冲动传向细胞体；轴突较长，其末端为神经末梢，其功能是将冲动由胞体向外传出。

肌组织由肌细胞构成。肌细胞有收缩的功能。肌组织按形态和功能可分为骨骼肌、平滑肌和心肌三类。

结缔组织由细胞、细胞间质和纤维构成。其特点是细胞分布松散，细胞间质较多。结缔组织主要包括：疏松结缔组织、致密结缔组织、脂肪组织、软骨、骨、血液和淋巴等等。它们分别具有支持、联结、营养、防卫、修复等功能。

人体中的糖化学

糖是人体所必需的一种营养素，经人体吸收之后马上转化为碳水化合物，以供人体能量。主要分为单糖、双糖和多糖。

单糖——葡萄糖，分子式为 C_6 单分子链，人体可以直接吸收再转化为人体之所需。双糖——食用糖，如白糖、红糖及食物中转化的糖。分子式为 C_{12}，人体不能直接吸收，须经胰蛋白酶转化为单糖再被人体吸收利用。平常所说的糖主要包括：甘蔗糖、甜菜糖、雅津甜高粱糖等。多糖——由10 个以上单糖通过糖苷键连接而成的线性或分支的聚合物历史。

糖类因其含有碳、氢、氧三种元素，而氢、氧比例又和水相同，故名碳水化合物。单糖是最常见、最简单的碳水化合物，有葡萄糖、果糖、半乳糖和甘露糖，易溶于水，不经过消化液的作用可以直接被肌体吸收利用，人体中的血糖就是单糖中的葡萄糖。双糖常见的有蔗糖、麦芽糖和乳糖，由两分子单糖组合而成，易溶于水，需经分解为单糖后，才能被肌体吸收利用。多糖主要有淀粉、纤维素和糖原，其中淀粉是膳食中的主要成分，由于多糖是由成百上千个葡萄糖分子组合而成，不易溶于水，因此须经过消化酶的作用，才能分解成单糖而被肌体吸收。

碳水化合物在人体内主要以糖原的形式储存，量较少，仅占人体体重的 2% 左右。

在人体中。碳水化合物的主要生理作用表现在 5 个方面：

1. 提供热能。

人体中所需要的热能60% ～70% 来自于碳水化合物，特别是人体的大脑，不能利用其他物质供能，血液中的葡萄糖是其唯一的热能来源，当血糖过低时，可出现休克、昏迷甚至死亡。

蔗 糖

2. 构成肌体和参与细胞多种代谢活动。

在所有的神经组织和细胞核中，都含有糖类物质，糖蛋白是细胞膜的组成成分之一，核糖和脱氧核糖参与遗传物质的构成。糖类物质还是抗体、某些酶和激素的组成成分，参加肌体代谢，维持正常的生命活动。

3. 保肝解毒。

当肝脏贮备了足够的糖原时，可以免受一些有害物质的损害。对某些化学毒物如四氯化碳、酒精、砷等有较强的解毒能力。此外，对各种细菌感染引起的毒血症，碳水化合物也有较强的解毒作用。

4. 帮助脂肪代谢。

脂肪氧化时必须依靠碳水化合物供给热能，才能氧化完全。糖不足时，脂肪氧化不完全，就会产生酮体，甚至引起酸中毒。

5. 节约蛋白质。

在某些情况下，当膳食中热能供给不足时，肌体首先要消耗食物和体内的蛋白质来产生热能，使蛋白质不能发挥其更重要的功能，影响肌体健康。

植物性食物是碳水化合物的主要来源，而谷类又是人类植物饮食中可利用的碳水化合物的主要来源，中国人以水稻（大米）和小麦（面粉）为主要粮食食物，其他一些粗粮如玉米、小米、高粱米人们也常食用，这些食物都是碳水化合物的主要来源。薯类食品也作用碳水化合物为人肌体提供热量。其中粮食中含磷矿水化合物大约60%~78%，薯类食品含耐碳水化合物为24%左右。水果由于含水量较大，其碳水化合物的含量比谷类少。在新鲜水果中蔗糖含量为6%~25%，干果具有更高的含糖量，含糖量为50%~90%。蔬菜也可供给少量碳水化合物。用做食物的蔬菜是叶、茎、种子、花、果实、块根和块茎。块根、块茎含淀粉较多，含糖量较高，其他含糖量较低，大约3%~5%。大多数动物性食物含糖量很少。

饮食中的单糖、双糖主要来自蔗糖、糖果、甜食、糕点、甜味水果、含糖饮料和蜂蜜等。一般认为。纯糖的摄入不宜过多，成人以每日25克为宜。

知识点

蔗　糖

蔗糖是人类基本的食品之一，已有几千年的历史。是光合作用的主要产物，广泛分布于植物体内，特别是甜菜、甘蔗和水果中含量极高。以蔗糖为主要成分的食糖根据纯度的由高到低又分为：冰糖、白砂糖、棉白糖和赤砂糖（也称红糖或黑糖），蔗糖在甜菜和甘蔗中含量最丰富，平时使用的白糖、红糖都是蔗糖。

延伸阅读

糖果的由来

在古代，人们利用蜂蜜来制造糖果。最先是在罗马周围的地区出现了糖衣杏仁这种糖果。制造者用蜂蜜将一个杏仁裹起来，放在太阳底下晒干，就可以得到糖衣杏仁了。这种糖果一直以来广受人们的喜爱。位于默兹河的（法国）凡尔登地区是今天最有名的糖衣杏仁制造地。这里的 BRAQUIER 公司制造多种形状和颜色的糖衣果仁，有巧克力的、烤杏仁的、开心果的，均采用古老的方法精心制作。制造糖衣果仁的过程超过 10 天。

弗拉维尼修道院的茴香糖相比之下要小一点儿、圆一点儿。这种糖果是 1650 年的时候在位于（法国）勃艮第地区的弗拉维尼小城被发明的，现在已被出口到 20 个国家。

由于糖果的价格昂贵，直到 18 世纪还是只有贵族才能品尝到它。但是随着殖民地贸易的兴起，蔗糖已不再是什么稀罕的东西，众多的糖果制造商在这个时候开始试验各种糖果的配方，大规模地生产糖果，从而使糖果进入平常百姓家。这就是今天我们能见到如此众多的糖果的重要原因。

人体中的蛋白质化学

蛋白质是一类结构复杂、性质独特的物质，其英文名词的译意是"第一"和"首要"。自从化学家马尔德发现蛋白质迄今，100 多年的研究证实，一切生命——从最原始的单细胞生物直到高等动物，它们的所有组织和器官，无不是以蛋白质作为基础物质的。人体各器官如心、肝、肾、肺、脑以及皮肤、肌肉、血液、毛发、指甲等等，都是由蛋白质构成；调节代谢过程的激素，如甲状腺素、胰岛素以及催化其化学反应的各种酶、能增强人体防御功能的抗体，也是蛋白质及其衍生物。

蛋白质不仅是人体的基础构造材料，而且还参与各种生理活动，如食物的消化、氧气的运输、心脏的跳动、肌肉的收缩等，都与各种蛋白质精巧的生物学功能有关。此外，蛋白质与核酸在机体的生长、修复、后代的繁殖和遗传上，亦具有主导作用。

机体蛋白质和其它物质一样，也要不断地进行新陈代谢、除旧更新，以维持机体的氮平衡，因此要不断从外界摄取食物蛋白质。正常的成年人，每天约有 20 克蛋白质被分解，与此同时，新的蛋白质也在不断地合成。

食物蛋白质除供人体构造和修补组织所需外，还可供给热能。每克蛋白质在体内氧化产热 4 千卡。

在人体所需的六大营养素中，蛋白质确实是首要的，第一位的。因此，衡量膳食质量，首先要看蛋白质在量和质上是否适合人体需要；评价人体健康与否，首要也是要看机体蛋白质水平。

蛋白质是人体的重要组成部分，占人体重量的 18%，如果按干重计算，则占人体重量的 50%。

蛋白质是组成细胞的重要成分，而人体的组织器官都是由细胞组成的，因此，人体的生长发育离不开蛋白质。人体内有许多重要的生理作用，都是在具有催化作用的酶和激素的参与下完成的。酶和激素是由蛋白质构成的，运送氧气的血红蛋白以及具有收缩功能的肌纤维蛋白和构成人体支架的胶原蛋白，也都是由蛋白质构成的。

人体血液酸碱度及渗透压的平衡，水分在体内的合理分布，以及遗传信息的传递也都需要蛋白质的参加。

人体用以战胜传染病的特异性免疫球蛋白——抗体，是一种特殊的蛋白质——球蛋白。

一个健康人，每两分钟就有约 10 亿红细胞制造出来，而红细胞需用蛋白质来制造。人的大脑实质重量的 51%，周围神经重量的 29% 由蛋白质构成。人体的头发、指甲也都是用蛋白质制造的。婴幼儿缺乏蛋白质，不仅会影响生长、发育，还会影响智力；导致肌肉松弛，缺乏弹性，甚至萎缩；抗体生长减少而影响免疫力。

酶

酶，指由人体内活细胞产生的一种生物催化剂。大多数由蛋白质组成（少数为 RNA）。能在机体中十分温和的条件下，高效率地催化各种生物化学反应，促进生物体的新陈代谢。生命活动中的消化、吸收、呼吸、运动和生殖都是酶促反应过程。酶是细胞赖以生存的基础。细胞新陈代谢包括的所有化学反应几乎都是在酶的催化下进行的。

所有的酶都含有 C、H、O、N 四种元素，人体内含有千百种酶，它们支配着人体的新陈代谢、营养和能量转换等许多催化过程，与生命过程关系密切的反应大多是酶催化反应。但是酶不一定只在细胞内起催化作用。

头发与健康的关系

头发具有保护头部美化面容的作用。不仅如此，我们从头发上还可以发现许多科学问题。例如一头乌黑整齐的头发，往往表现了这个人体内部气血旺盛，是健美的表征；如果是枯黄蓬发，则表现了这个人体内部气血不足，体质虚弱。现代科学对于头发的研究又有许多新的进展。在这里仅加以简单介绍：

头发的主要成分是蛋白质，除含有碳、氢、氧、氮 4 种主要元素外，还含有一些其他的微量元素。现代医学研究证明，积累在头发内的微量元素其含量一般比血清和尿液里大 10 余倍。头发分析正成为血清分析和尿液分析的理想的补充指标。

据分析证明，健康人的头发每克大约含有铁 130 毫克，锌 167 毫克——

172 毫克，铝 5 毫克，硼 7 毫克等。如果比例有变化，说明人的健康状况不正常。成年人头发每天大约增长 0.5 毫克。分段分析其成分，可以使医生了解患者在各段时间新陈代谢的情况。

吸烟人的头发中铅、铁、硒等元素的含量均较不吸烟的人高。并且在头发中，有害金属含量的增高，与血液、骨骼中的积蓄水平存在一定的比例关系。

美国密执安大学的哥德斯博士早在 1973 年就提出了一份有趣的报告：学习成绩优良的学生，头发中锌和铜的含量较高，而碘、铅和镉的含量较低。

通过毛发分析知道印度人由于摄取含锰的食物较多，毛发中的含锰量高。日本人鱼多，毛发中硒和汞含量较高；镀锌工人和锌焊工人毛发中含锌量比正常人高 4 倍。

因此，只要通过几根短发，这样的"秋毫之末"的分析，便可知道人的生活习性、健康状况、智力发展状况和汞、镉、铅、砷中毒病症。

头发分析还可用来鉴定人的血型，在长沙市东郊马王堆曾出土了一具距今已有 2100 年的西汉古女尸。通过取其头发进行化验，证明了此人的血型为 A 型。

20 世纪 70 年代科学家们用中子衍射的方法，鉴定了拿破仑留下来的几根头发，分析结果证明头发中的砷含量竟比正常人高 40 倍。这个结果证实了拿破仑在遗嘱中的陈述："我被英国人及其雇佣军的凶手所暗害"，并不是患胃癌而死。为近代史学家们研究拿破仑之死提供了科学的证据。

这些事实形象地说明了头发"储存信息"的功能。

头发为何具有这么多的功能呢？原因在于毛发是由角蛋白组成的。角蛋白中有含硫氨基酸，肽键中的二硫键极易与金属原子结合。因此，人体内部的变化，能从头上体现出来。

▌▌▌人体中的脂肪化学

脂类是油、脂肪、类脂的总称。食物中的油脂主要是油和脂肪，一般把常温下是液体的称做油，而把常温下是固体的称做脂肪。脂肪所含的化学元素主要是 C、H、O，部分还含有 N，P 等元素。

脂肪是由甘油和脂肪酸组成的三酰甘油酯，其中甘油的分子比较简单，而脂肪酸的种类和长短却不相同。因此脂肪的性质和特点主要取决于脂肪酸，不同食物中的脂肪所含有的脂肪酸种类和含量不一样。自然界有 40 多种脂肪酸，因此可形成多种脂肪酸甘油三酯。脂肪酸一般由 4 个到 24 个碳原子组成。脂肪酸分三大类：饱和脂肪酸、单不饱和脂肪酸、多不饱和脂肪酸。脂肪在多数有机溶剂中溶解，但不溶解于水。

人体内的脂类，分成两部分，即：脂肪与类脂。脂肪，又称为真脂、中性脂肪及三酯，是由一分子的甘油和三分子的脂肪酸结合而成。脂肪又包括不饱和与饱和两种，动物脂肪以含饱和脂肪酸为多，在室温中成固态。相反，植物油则以含不饱和脂肪酸较多，在室温下成液态。类脂则是指胆固醇、脑磷脂、卵磷脂等。综合其功能有：脂肪是体内贮存能量仓库，主要提供热能，保护内脏，维持体温；协助脂溶性维生素的吸收；参与机体各方面的代谢活动等等。

脂肪是甘油和三分子脂肪酸合成的甘油三酯。脂类可分为：

1. 中性脂肪：即甘油三脂，是猪油、花生油、豆油、菜油、芝麻油的主要成分。

2. 类脂包括磷脂：卵磷脂、脑磷脂、肌醇磷脂。

糖脂：脑苷脂类、神经节苷脂。

脂蛋白：乳糜微粒、极低密度脂蛋白、低密度脂蛋白、高密度脂蛋白。

类固醇：胆固醇、麦角因醇、皮质甾醇、胆酸、维生素 D、雄激素、雌激素、孕激素。

在自然界中，最丰富的是混合的甘油三酯，在食物中占脂肪的 98%，在身体里占 28% 以上。所有的细胞都含有磷脂，它是细胞膜和血液中的结构物，在脑、神经、肝中含量非常高，卵磷脂是膳食和体内最丰富的磷脂之一。四种脂蛋白是血液中脂类的主要运输工具。

脂类也是组成生物体的重要成分，如磷脂是构成生物膜的重要组分，油脂是机体代谢所需燃料的贮存和运输形式。脂类物质也可为动物机体提供溶解于其中的必需脂肪酸和脂溶性维生素。某些萜类及类固醇类物质如维生素 A、D、E、K、胆酸及固醇类激素具有营养、代谢及调节功能。有机体表面的脂类物质有防止机械损伤与防止热量散发等保护作用。脂类作为细胞的表面物质，与细胞识别，种特异性和组织免疫等有密切关系。

脂肪的生理功能包括：

1. 生物体内储存能量的物质并给予能量。1 克脂肪在体内分解成二氧化碳和水并产生 38KJ（9Kcal）能量，比 1 克蛋白质或 1 克葡萄糖高一倍多。

2. 构成一些重要生理物质，脂肪是生命的物质基础，是人体内的三大组成部分（蛋白质、脂肪、糖类）之一。磷脂、糖脂和胆固醇构成细胞膜的类脂层，胆固醇又是合成胆汁酸、维生素 D_3 和类固醇激素的原料。

3. 维持体温和保护内脏、缓冲外界压力。皮下脂肪可防止体温过多向外散失，减少身体热量散失，维持体温恒定。也可阻止外界热能传导到体内，有维持正常体温的作用。内脏器官周围的脂肪垫有缓冲外力冲击保护内脏的作用，减少内部器官之间的摩擦。

4. 提供必需脂肪酸。

5. 脂溶性维生素的重要来源。鱼肝油和奶油富含维生素 A、D，许多植物油富含维生素 E。脂肪还能促进这些脂溶性维生素的吸收。

6. 增加饱腹感。脂肪在胃肠道内停留时间长，所以有增加饱腹感的作用。

知识点

鱼肝油

鱼肝油是从鱼类的肝脏中提取的富含维生素 A、D 的油脂。在 0℃ 左右脱去部分固体脂肪后，用精炼食用植物油、浓度较高的鱼肝油或维生素 A 与维生素 D 调节浓度，再加适量的稳定剂制成。每 1g 中含维生素 A 应为标示量的 90.0% 以上，维生素 D 应为标示量的 85.0%。为黄色至橙红色的澄清液体；微有特异的鱼腥臭，但无败油臭。

鱼肝油中的维生素 A 可促进视觉细胞内感光色素的形成，调试眼睛适应外界光线强弱的能力，以降低夜盲症和视力减退的发生，维持正常的视觉反应。维生素 D 有助于促进人体对钙的吸收，婴幼儿缺乏维生素 D 会引起佝偻病，成人缺乏维生素 D 会造成骨骼软化症。

延伸阅读

鱼肝油的制取与作用

由鱼类肝脏炼制的油脂。广义的鱼肝油还包括鲸、海豹等海兽的肝油。常温下呈黄色透明的液体状，稍有鱼腥味。常用于防治夜盲症、角膜软化、佝偻病和骨软化症等，对呼吸道上层黏膜等表皮组织也有保护作用。它主要由不饱和度较高的脂肪酸甘油脂组成，此外还有少量的磷脂和不皂化物。鳕、大菱鲆等是国际上鱼肝油生产的传统原料。中国主要用鲨、鳐、大黄鱼、鲐及马鲛。制造方法主要有：

蒸煮法。以蒸汽直接蒸煮切碎的鱼肝，经静置或离心分离后得澄清的油。此法用于含油较多的鱼肝和渔船上的肝油生产。

淡碱消化法。将切碎的鱼肝加水和氢氧化钠蒸煮，经离心分离出肝油后再行精制。

萃取法。把切碎的鱼肝以有机溶剂进行萃取，再从萃取液中回收溶剂即得；或将鱼肝先经淡碱消化，再用效价低的鱼肝油或植物油萃取。此法适用于含油少而维生素效价高的鱼肝原料。经上述几种方法制得的鱼肝油还须在低温下使部分硬脂析出，经过滤而得清鱼肝油。

小儿的骨骼处于生长发育，每天需要一定量的维生素 D。对于小儿来说，每天服适量鱼肝油（每天服浓缩鱼肝油 3 滴～4 滴）是有益的，尤其是对于生长在北方地区的冬天更为必要。服用多长时间要以孩子的体格发育情况而定。维生素 A、D 含量比超过 3:1～4:1 的鱼肝油长期服用易导致维生素 A 摄入过量而中毒。

虽然服用鱼肝油可以预防和治疗佝偻病，但这并不意味着每个小儿都需要服用，因为维生素 A 和维生素 D 并不是多么难以补充的维生素，如果在日常生活中足够重视的话，那小儿也完全有可能不需服用的，需要服用鱼肝油的情况，一是妈妈母乳不足，属于混合喂养的小儿；二是断奶后辅食中没有及时添加富含维生素 A、D 的蛋黄，动物肝脏以及富含胡萝卜素的蔬菜、水果等；三是缺少维生素 A 导致的呼吸道和消化道感染，干眼症、角膜软化及皮肤干燥的儿童。四是足不出户少晒太阳。

人体中的维生素化学

维生素又名维他命，通俗来讲，即维持生命的物质，是维持人体生命活动必须的一类有机物质，也是保持人体健康的重要活性物质。维生素在体内的含量很少，但不可或缺。各种维生素的化学结构以及性质虽然不同，但它们却有着以下共同点：①维生素均以维生素原（维生素前体）的形式存在于食物中。②维生素不是构成机体组织和细胞的组成成分，它也不会产生能量，它的作用主要是参与机体代谢的调节。③大多数的维生素，机体不能合成或合成量不足，不能满足机体的需要，必须经常通过食物中获得。④人体对维生素的需要量很小，日需要量常以毫克（mg）或微克（μg）计算，但一旦缺乏就会引发相应的维生素缺乏症，对人体健康造成损害。

维生素与碳水化合物、脂肪和蛋白质 3 大物质不同，在天然食物中仅占极少比例，但又为人体所必需。有些维生素如 B 等能由人体肠道内的细菌合成，合成量可满足人体的需要。人体细胞可将色氨酸转变成烟酸（一种 B 族维生素），但生成量不敷需要；维生素 C 除灵长类（包括人类）及豚鼠以外，其他动物都可以自身合成。

维生素

维生素是人营养、生长所

必需的某些少量有机化合物，对机体的新陈代谢、生长、发育、健康有极重要作用。如果长期缺乏某种维生素，就会引起生理机能障碍而发生某种疾病。一般由食物中取得。现在发现的有几十种，如维生素 A、维生素 B、维生素 C 等。

维生素是人体代谢中必不可少的有机化合物。人体犹如一座极为复杂的化工厂，不断地进行着各种生化反应。其反应与酶的催化作用有密切关系。酶要产生活性，必须有辅酶参加。已知许多维生素是酶的辅酶或者是辅酶的组成分子。因此，维生素是维持和调节机体正常代谢的重要物质。可以认为，最好的维生素是以"生物活性物质"的形式，存在于人体组织中。

维生素是个庞大的家族，目前所知的维生素就有几十种，大致可分为脂溶性和水溶性两大类。有些物质在化学结构上类似于某种维生素，经过简单的代谢反应即可转变成维生素，此类物质称为维生素原，例如 β - 胡萝卜素能转变为维生素 A，7 - 脱氢胆固醇可转变为维生素 D_3；但要经许多复杂代谢反应才能成为尼克酸的色氨酸则不能称为维生素原。水溶性维生素不需消化，直接从肠道吸收后，通过循环到机体需要的组织中，多余的部分大多由尿排出，在体内储存甚少。脂溶性维生素溶解于油脂，经胆汁乳化，在小肠吸收，由淋巴循环系统进入到体内各器官。体内可储存大量脂溶性维生素。维生素 A 和 D 主要储存于肝脏，维生素 E 主要存于体内脂肪组织，维生素 K 储存较少。水溶性维生素易溶于水而不易溶于非极性有机溶剂，吸收后体内贮存很少，过量的多从尿中排出；脂溶性维生素易溶于非极性有机溶剂，而不易溶于水，可随脂肪为人体吸收并在体内蓄积。

维生素既不是构成组织的原料，也不是供应能量少的一大类物质，但它能帮助体内生理作用的进行，是人体不可缺少的一大类物质。大多数维生素是某些酶的辅酶组成成分，在物质代谢中起着重要作用。维生素的种类很多，目前已知的有二十多种，它们的作用各不相同，现把 A、B、C、D 四种维生素的作用简单介绍一下。

维生素 A 是合成视网膜细胞必需的原料，缺乏时出现黄昏时视物不清的夜盲症。维生素 A 又是维持人体上皮组织健全的必需物质，缺乏时皮肤干燥、增生、角质化，抵抗微生物侵袭的能力降低。维生素 A 还可以促进正常的生长发育，儿童缺乏时会出现生长停顿、发育不良。肝脏、奶、蛋黄等食物中含有丰富的维生素 A，黄绿色植物（如胡萝卜、玉米、菠菜等）含有类胡萝卜素，可以在肝脏中转变为维生素 A。

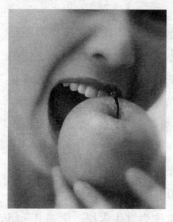

水果含有丰富的维生素

维生素 B 对人体有多方面的作用。例如维生素 B_1 能维持人体正常的新陈代谢和神经系统的正常生理机能，缺乏时容易患神经炎，或食欲不振、消化不良，严重的还会患脚气病，出现下肢沉重、手足皮肤麻木、心跳加快等症状。谷类的外皮和胚芽含维生素 B_1 特别丰富，豆类、酵母、瘦肉里也含有维生素 B_1。加工特别细的米、面损失维生素 B_1 较多，因此不如粗糙的米、面好。维生素 B_1 极易溶于水，淘米次数过多、时间过长，损失 B_1 较多。维生素 B_1 在碱性溶液中容易被破坏，烹调食物时应尽量少放碱。

维生素 C 是合成胶原和黏多糖等细胞间质所必需的物质。缺乏时可发生坏血病，使细胞间质的合成发生障碍，毛细血管的通透性增强，脆性加大，轻微的擦伤和压伤就容易引起毛细血管破裂出血。维生素 C 又具有促进胶原蛋白形成的作用，胶原蛋白是伤口愈合过程中形成胶原纤维的组成部分，缺乏时胶原蛋白的形成受影响，伤口不易愈合。维生素 C 还有促进白细胞对细菌的吞噬能力和促进抗体的形成，可以增强机体的抵抗力。维生素 C 广泛存在于新鲜瓜果及蔬菜中，尤其番茄、辣椒、桔子、鲜枣中含量丰富。维生素 C 易溶于水，在碱性环境中或加热时容易被破坏。

维生素 D 能促进小肠对钙、磷的吸收，使血液中钙、磷的浓度增加，有利于钙、磷沉积，促进骨组织钙化。缺乏时小儿出现佝偻病。肝脏、蛋黄、奶等动物性食物中含有维生素 D。人的皮肤里含有一种胆固醇，经紫外线照射后可转变为维生素 D，所以经常晒太阳可以防止维生素 D 缺乏症。

知识点

胶原蛋白

胶原蛋白是人体延缓衰老必须补足的营养物质，占人体全身总蛋白质的30%以上，一个成年人的身体内约有3公斤胶原蛋白。它广泛地存在于人体的皮肤、骨骼、肌肉、软骨、关节、头发组织中，起着支撑、修复、保护的三重抗衰老作用。

然而，并不是所有的胶原蛋白都能被人体吸收利用。胶原蛋白属大分子级别蛋白质，进入人体后需要通过复杂的蛋白质转化过程，才能被人体吸收和利用，吸收利用率仅停留在2.5%。

延伸阅读

胶原蛋白对人体的作用

人体胶原蛋白有27种，不同部位所含的胶原蛋白的类型也各不相同。皮肤胶原蛋白以Ⅰ型、Ⅲ型居多，由3条左旋肽链右旋而成。胶原蛋白是人体皮肤真皮层的主要成分，占80%以上。胶原蛋白在皮肤中构成一张细密的弹力网，能锁住水分，如支架般支撑着皮肤。在皮肤中，胶原蛋白是"弹簧"，决定着皮肤的弹性和紧实度；也是"水库"，决定着皮肤的含水量和储水力。胶原蛋白直接决定着皮肤的水润度、光滑度、紧致度和"皮肤年龄"。

胶原蛋白是一种细胞外蛋白质，它是由3条肽链拧成螺旋形的纤维状蛋白质。胶原蛋白是人体内含量最丰富的蛋白质，占全身总蛋白质的30%以上。胶原蛋白富含人体需要的甘氨酸、脯氨酸、羟脯氨酸等氨基酸。胶原蛋白是细胞外基质中最重要的组成部分。

一个成年人的身体内约有3公斤胶原蛋白，主要存在于人体皮肤、骨骼、眼睛、牙齿、肌腱、内脏（包括心、胃、肠、血管）等部位，其功能是维持皮肤和组织器官的形态和结构，也是修复各损伤组织的重要原料物质。在人体皮肤成分中，有70%是由胶原蛋白所组成。

随着年龄的增长，胶原蛋白会逐渐的流失，从而导致支撑皮肤的胶原肽键和弹力网断裂，其螺旋网状结构随即被破坏，皮肤组织被氧化、萎缩、塌陷，肌肤就会出现干燥、皱纹、松弛无弹性等衰老现象，所以，女性补充胶原蛋白是一种延衰的必须。

目前市面上出现的众多胶原蛋白产品并不是纯的胶原蛋白粉，通常根据不同年龄段和皮肤问题来设计不同配方的胶原蛋白产品，其中可能会添加大豆异黄酮、透明质酸、维生素C等成分。

当胶原蛋白不足时，不仅皮肤及骨骼会出现问题，对内脏器官也会产生不利影响。也就是说，胶原蛋白是维持身体正常活动所不可缺少的重要成分。同时也是使身体保持年轻、防止老化的物质。另外，胶原蛋白还可以预防疾病，改善体质，对美容和健康都很有帮助。现在像日本"长效寡肽"类的胶原蛋白正慢慢进入美容护肤领域。

但是值得一提的是学术界对于胶原蛋白在护肤上的效果并不认同。从营养学上来说，胶原蛋白主要只含人体必须氨基酸中的7种，属于不完全蛋白。

▌▌▌人体中的膳食纤维化学

膳食纤维是一般不易被消化的食物营养素，主要来自于植物的细胞壁，包含纤维素、半纤维素、树脂、果胶及木质素等。膳食纤维是健康饮食不可缺少的，纤维在保持消化系统健康上扮演着重要的角色，同时摄取足够的纤维也可以预防心血管疾病、癌症、糖尿病以及其他疾病。纤维可以清洁消化壁和增强消化功能，纤维同时可稀释和加速食物中的致癌物质和有毒物质的移除，保护脆弱的消化道和预防结肠癌。纤维可减缓消化速度和最快速排泄胆固醇，所以可让血液中的血糖和胆固醇控制在最理想的水平。

膳食纤维是指能抗人体小肠消化吸收的而在人体大肠中能部分或全部

发酵的可食用的植物性成分、碳水化合物及其相类似物质的总和，包括多糖、寡糖、木质素以及相关的植物物质。日常生活中，人们往往容易将膳食纤维、粗纤维和纤维素混为一谈。粗纤维只是膳食纤维的一部分，是指植物组织用一定浓度的酸、碱、醇和醚等试剂，在一定温度条件下，经

膳食纤维

过一定时间的处理后所剩下的残留物，其主要成分是纤维素和木质素。纤维素仅是粗纤维的一部分，是一种单一化合物，是以 β—1、4 糖苷键连接的葡萄糖线性化合物。由此可见，膳食纤维的量要比粗纤维以及纤维素的含量多，粗纤维是膳食纤维中最常见的组分，纤维素是膳食纤维的主要成分。

膳食纤维的生理学作用包括：

1. 增强肠道功能，防止便秘。膳食纤维影响大肠功能的作用包括：缩短粪便通过时间、增加粪便量及排便次数、稀释大肠内容物以及为正常存在于大肠内的菌群提供可发酵的底物。水溶性膳食纤维在大肠中就像吸水的海绵，可增加粪便的含水量使其变软，同时膳食纤维还能促进肠道的蠕动，从而加速排便，产生自然通便作用。排便时间的缩短有利于减少肠内有害细菌的生长，并能避免胆汁酸大量转变为致癌物。

2. 控制体重，有利于减肥。膳食纤维，特别是可溶性纤维，可以减缓食物由胃进入肠道的速度并具有吸水作用，吸水后体积增大，从而产生饱腹感而减少能量摄入，达到控制体重和减肥的作用。

3. 降低血液胆固醇含量、预防心血管疾病。高脂肪和高胆固醇是引发心血管疾病的主要原因。肝脏中的胆固醇经人体代谢而转变成胆酸，胆酸到达小肠以消化脂肪，然后胆酸再被小肠吸收回肝脏而转变成胆固醇。膳食纤维在小肠中能形成胶状物质，从而将胆酸包围，被膳食纤维包围的胆酸便不能通过小肠壁被吸收回肝脏，而是通过消化道被排出体外。因此，为了消化不断进入小肠的食物，肝脏只能靠吸收血液中的胆固醇来补充消耗的胆酸，从而就降低了血液中的胆固醇，这有利于降低因高胆固醇而引

发的冠心病、中风等疾病的发病率。

4. 血糖生成反应，预防糖尿病。许多研究证明某些水溶性纤维可降低餐后血糖和血胰岛素升高反应。这是因为膳食纤维中的果酸可延长食物在胃肠内的停留时间，延长胃排空时间，减慢人体对葡萄糖的吸收速度，使人体进餐后的血糖值不会急剧上升。并降低人体对胰岛素的需求，从而有利于糖尿病病情的改善。

5. 预防癌症。癌症的流行病学研究表明，膳食纤维或富含纤维的食物的摄入量与结肠癌危险因素呈负相关，蔬菜摄入量与大肠癌危险因素呈负相关而谷类则与之呈正相关，这两种癌的发生主要与致癌物质在肠道内停留时间长，和肠壁长期接触有关。增加膳食中纤维含量，使致癌物质浓度相对降低，加上膳食纤维有刺激肠蠕动作用，致癌物质与肠壁接触时间大大缩短。

知识点

胆固醇

胆固醇又称胆甾醇。一种环戊烷多氢菲的衍生物。早在 18 世纪人们已从胆石中发现了胆固醇，1816 年化学家本歇尔将这种具脂类性质的物质命名为胆固醇。胆固醇广泛存在于动物体内，尤以脑及神经组织中最为丰富，在肾、脾、皮肤、肝和胆汁中含量也高。其溶解性与脂肪类似，不溶于水，易溶于乙醚、氯仿等溶剂。胆固醇是动物组织细胞所不可缺少的重要物质，它不仅参与形成细胞膜，而且是合成胆汁酸、维生素 D 以及甾体激素的原料。

延伸阅读

过量胆固醇对人体的危害

胆固醇在体内有着广泛的生理作用，但当其过量时便会导致高胆固醇血症，对机体产生不利的影响。现代研究已发现，动脉粥样硬化、静脉血栓形成与胆石症与高胆固醇血症有密切的相关性。如果是单纯的胆固醇高则饮食调节是最好的办法，如果还伴有高血压则最好在监测血压的情况下，经医生确定为高血压后，则需要使用降压药物。高胆固醇血症是导致动脉粥样硬化的一个很重要的原因。

自然界中的胆固醇主要存在于动物性食物之中，植物中没有胆固醇，但存在结构上与胆固醇十分相似的物质——植物固醇。植物固醇无致动脉粥样硬化的作用。在肠黏膜，植物固醇（特别是谷固醇）可以竞争性抑制胆固醇的吸收。

胆固醇虽然存在于动物性食物之中，但是不同的动物以及动物的不同部位，胆固醇的含量很不一致。一般而言，兽肉的胆固醇含量高于禽肉，肥肉高于瘦肉，贝壳类和软体类高于一般鱼类，而蛋黄、鱼子、动物内脏的胆固醇含量则最高。通常，将每 100 克食物中胆固醇含量低于 100 毫克的食物称为低胆固醇食物，如鳗鱼、鲳鱼、鲤鱼、猪瘦肉、牛瘦肉、羊瘦肉、鸭肉等；将每 100 克食物中胆固醇含量为 100 毫克~200 毫克的食物称为中度胆固醇食物，如草鱼、鲫鱼、鲢鱼、黄鳝、河鳗、甲鱼、蟹肉、猪排、鸡肉等；而将每 100 克食物中胆固醇含量为 200 毫克~300 毫克的食物称高胆固醇食物，如猪肾、猪肝、猪肚、蚌肉、蛏肉、蛋黄、蟹黄等。高胆固醇血症的患者应尽量少吃或不吃高胆固醇的食物。但有些特殊体质的人，不管吃什么，胆固醇都是永远不会变化的。

在对待食物胆固醇的作用方面，存在着两种截然不同的片面的观点。一种观点认为胆固醇是极其有害不能吃的东西。说这种观点片面，是由于持这种观点的人对胆固醇在人体内的作用缺乏清楚的认识。事实上，胆固醇是细胞膜的组成成分，参与了一些甾体类激素和胆酸的生物合成。由于许多含有胆固醇的食物中其它的营养成分也很丰富，如果过分忌食这类食物，很容易引起营养平衡失调，导致贫血和其它疾病的发生。

另一种观点认为胆固醇对人体无多大危害，人们可以尽情地摄取。这种观点之所以错误，是由于对高脂血症、冠心病的发病机制缺乏认识。长期过量的食物胆固醇摄入，将导致动脉粥样硬化和冠心病的发生与发展。

在每天吃多少胆固醇比较恰当这个问题上，一般认为健康成人和不伴有冠心病或其它动脉粥样硬化病的高胆固醇血症患者，每天胆固醇的摄入量应低于300毫克，而伴有冠心病或其它动脉粥样硬化病的高胆固醇血症患者，每天胆固醇的摄入量应低于200毫克。

在饮食上最好使用含膳食纤维丰富的食物，如：芹菜、玉米、燕麦等；茶叶中的茶色素可降低血总胆固醇，防止动脉粥样硬化和血栓形成，绿茶比红茶更好；维生素C与E可降低血脂，调整血脂代谢，它们在深色或绿色植物（蔬菜、水果）及豆类中含量颇高。限制高脂肪食品：如动物内脏，食植物油不食动物油。

饮酒可能使血中的高密度脂蛋白升高，加强防治高胆固醇血症的作用。饮酒量以每日摄入的酒精不超过20克（白酒不超过50克）为宜，葡萄酒较合适，但也必须严格限制摄入量。

人体中微妙的化学元素

>>>>>

人体和物质一样，都是由各种化学元素组成的，存在于地壳表层的90多种元素多数均可在人体组织中找到。但是，组成人体的元素到底有多少，这个问题还有待于科学家们进一步研究。有些元素虽然已经被科学家证实存在于人体内，但它们在人体内起的作用还不十分清楚；有些元素在人体内的生理功能，尚有争议。

人体代谢所必需的元素

据分析人体所含有的元素约有50多种，为自然界存在的元素种类的一半以上。人体除碳、氢、氧、氮之外，含量较多的有钙、钠、钾、镁、氯、硫、磷7种。还有需要量极少的铁、铜、锰、钴、碘、氟等等。这些微量元素在人体只能以微克或毫克计量，仅占整个人体的10万分之一或几百万分之一。但是，微量元素并不是微不足道的。它们在维持人的生命过程中有着不可低估的作用。这些元素在人体中多了或少了往往都会引起一些疾病的发生。例如：如果人体中缺氟，牙齿就会烂掉，骨骼也发育不好，如果食入较多的氟，便会得大骨节病等等。

几种重要的元素在人体中的作用如下：

骨骼中坚——钙

人体骨骼的主要成分是磷酸钙和碳酸钙，可见，如果没有钙，骨骼就不会坚硬。小儿患软骨病就是缺钙所引起的。成年人每天缺钙骨骼就不会坚硬。成年人每天所排泄的钙约1克左右，因此，成年人每天最少从食物中吸收1克的钙质。在母体中发育的胎儿，平均每天需要母体提供0.3克钙质。如果小于这个数字，就会使胎儿在母体中发育不好。因此，孕妇和小孩儿，都应保持足量的含钙食物，需多吃些绿叶蔬菜和动物骨头炖汤。维生素D能促进人体对钙质的吸收。因此，要配合食用维生素D，或者多晒点太阳，促进体内维生素D的转化。

生命和思想的元素——磷

一切生命都是由细胞组成的，每个细胞都有细胞核，磷就是细胞核的重要组成元素之一。因此说，磷是生命的基础物质。在动物体内，骨骼也含有不少的磷，它与钙结合，成为骨骼的中坚。

人脑是人体的思想器官，起思维作用的是脑髓，脑髓就是由脑磷脂组成的，因此，磷又是起思维作用的元素，所以称为思想的元素。人们每天从食物中摄取大量的磷，有人计算过，如果吃100克面包，就吃进了1万亿亿个磷原子。

血液的建造者——铁

铁是造血的必要元素，人体内70%的铁存在于血液的血红蛋白里，血液里如果缺乏铁，血液便无法将氧气运输到人体的各个组织中去，人的生命便不能存在。严重缺铁的人，产生恶性贫血。因此，许多补血药都含有铁质。

与生长有关系的元素——碘

碘是甲状腺素的主要成分，甲状腺素可以调节体内氧化作用，维持人体的正常新陈代谢，与人的生长发育有密切的关系。

其他元素如氟是构成骨组织与牙齿珐琅质的主要成分。锰可构成某些酶的激活剂，而促进代谢。

还有一些元素在细胞内液和细胞间液维持着渗透压。

在保持人体与环境电解质和酸碱平衡中，无机盐也起着重要的作用。酸碱平衡是指血液的 PH 值的稳定状态。电解质（无机盐）在身体内分布的平衡状态和体液的酸碱平衡状态一旦被打破，人就会患病。反过来，患病的时候，就已破坏了这种平衡状态。

无机盐在人体内的作用，远不止以上所述，在对于人体内无机盐的作用的研究中，将有可能找出许多致病根源和治疗方法。

矿物质促进人体代谢

我们每天都要从食物中摄取定量的无机盐，以满足生长发育及维持健康的需要。据测定成人每天大约需要如下数量的无机盐：钙 1 克左右，钠 3 克~5 克（或氯化钠 7 克~12 克），钾 1.5 克~3 克，磷 0.9 克，铁 10 克~15 克，镁 0.2 克~0.5 克，锌 12 克~16 毫克，铜 2 毫克。

孕妇、乳母和儿童对无机盐的需要量要大些。可是食物中的无机盐并不能为我们所全部吸收，只能吸收一部分，例如钙的吸收率一般为 20%~30%，镁的吸收率一般为 30%~40%，铁吸收率一般为 5%~10%（青少年为 8%~28%），因此，食入量要比上述数字大若干倍。

那么哪些食物含无机盐较丰富呢？

钙在海带、豆类、芹菜、乳类、虾皮、花生米中含量丰富。磷在鱼、虾、蛋、动物肝脏、瘦肉中含量较多。铁在木耳、海带、干蘑菇、动物肝脏中含量较多，其次是高粱、菠菜。碘主要是在海产食物如海带、海鱼、海盐中含量较多。镁在我们的常用食物如小麦、大麦、小米、豆类含量多。人体所需的钠主要从食盐中得到。其他如铜、锰、锌、氟、钴等元素，在肉类、鱼、米谷物、蔬菜中的含量已够我们的需要量了，可不必另外增加。

知识点

无机盐

　　无机盐即无机化合物中的盐类，旧称矿物质，在生物细胞内一般只占鲜重的1%至1.5%，目前人体已经发现20余种，其中大量元素有钙Ca、磷P、钾K、硫S、钠Na、氯Cl、镁Mg，微量元素有铁Fe、锌Zn、硒Se、钼Mo、氟F、铬Cr、钴Co、碘I等。虽然无机盐在细胞、人体中的含量很低，但是作用非常大，如果注意饮食多样化，少吃动物脂肪，多吃糙米、玉米等粗粮，不要过多食用精制面粉，就能使体内的无机盐维持正常应有的水平。

延伸阅读

无机盐的生理作用

　　1. 无机盐在体内的分布极不均匀。例如，钙和磷绝大部分在骨和牙等硬组织中，铁集中在红细胞，碘集中在甲状腺，钡集中在脂肪组织，钴集中在造血器官，锌集中在肌肉组织。

　　2. 无机盐对组织和细胞的结构很重要，硬组织如骨骼和牙齿，大部分是由钙、磷和镁组成，而软组织含钾较多。体液中的无机盐离子调节细胞膜的通透性，控制水分，维持正常渗透压和酸碱平衡，帮助运输普通元素到全身，参与神经活动和肌肉收缩等。有些为无机或有机化合物以构成酶的辅基、激素、维生素、蛋白质和核酸的成分，或作为多种酶系统的激活剂，参与许多重要的生理功能。例如：保持心脏和大脑的活动，帮助抗体形成，对人体发挥有益的作用。

　　3. 由于新陈代谢，每天都有一定数量的无机盐从各种途径排出体外，因而必须通过膳食予以补充。无机盐的代谢可以通过分析血液、头发、尿液或组织中的浓度来判断。在人体内无机盐的作用相互关联。在合适的浓度范围有益于人和动植物的健康，缺乏或过多都能致病，而疾病又影响其代谢，往往增加其消耗量。在我国，钙、铁和碘的缺乏较常见。硒、氟等随地球化学环境的不同，既有缺乏病如克山病和大骨节病、龋齿等，又有过多症如氟骨症和硒中毒。

4. 是维持细胞内的酸碱平衡，调节渗透压，维持细胞的形态和功能。如：血液中的钙离子和钾离子。

5. 是的维持生物体的生命活动。如：镁离子是 ATP 酶的激活剂，氯离子是唾液酶的激活剂。

钙元素对人体的影响

钙是人体中重要因素，居体内氧、碳、氢、氮元素后的第五位，是最丰富的元素之一，同时也是含量最丰富的矿物质元素，它占人体总重量的 1.5% ~ 2.0%。大约99%的钙集中在骨骼和牙齿内，其余分布在体液和软组织中。血液中的钙不及人体总钙量的 0.1%。正常人血浆或血清的总钙浓度比较恒定，平均为 2.5 摩尔/升（9 毫克/分升 ~ 11 毫克/分升）；儿童稍高，常处于上限。随着年龄的增加，男子血清中钙、总蛋白和白蛋白平行地下降；而女子中的血清钙却增加，总蛋白则降低，但依旧比较稳定。钙的生理作用如下：

1. 钙是构成骨骼和牙齿的主要成分，起支持和保护作用。

2. 钙对维持体内酸碱平衡，维持和调节体内许多生化过程是必需的，它能影响体内多种酶的活动，如 ATP 酶、脂肪酶、淀粉酶、腺苷酸环化酶、鸟苷酸环化酶、磷酸二酯酶、酪氨酸羟化酶、色氨酸羟化酶等均受钙离子调节。钙离子被称为人体的"第二信使"和"第三信使"，当体内钙缺乏时，蛋白质、脂肪、碳水化合物不能充分利用，导致营养不良、厌食、便秘、发育迟缓、免疫功能下降。

3. 钙对维持细胞膜的完整性和通透性是必需的。钙可降低毛细血管的通透性，防止渗出，控制炎症与水肿。当体内钙缺乏时，会引起多种过敏性疾病，如哮喘、荨麻疹（俗称风块、风疙瘩）、婴儿湿疹、水肿等。

4. 钙参与神经肌肉的应激过程。在细胞水平上，作为神经和肌肉兴奋—收缩之间的耦联因子，促进神经介质释放和分泌腺分泌激素的调节剂，传导神经冲动，维持心跳节律等。当神经冲动到达神经末梢的突触时，突触膜由于离子转移产生动作电位（钾—钠ATP酶作用下的钾—钠泵运转），细胞膜去极化。钙离子以平衡电位差的方式内流进入细胞，促进神经小泡与突触膜接触向突触间隙释放神经递质。这一过程中钙离子细胞膜内外转移是必需的，同时还依靠钙转移的浓度对反应强度进行调节，钙浓度高时反应强，反之则弱。由于钙的神经调节作用对兴奋性递质（乙酰胆碱、去甲肾上腺素）和抑制性递质（多巴胺、5-羟色胺、γ-羟基丁酸）具有相同的作用，因此当机体缺钙时，神经递质释放受到影响，神经系统的兴奋与抑制功能均下降。在幼儿表现较明显，常见为易惊夜啼、烦躁多动，性情乖张和多汗；中老年表现为神经衰弱、神经调节能力和适应能力下降。

5. 钙参与血液的凝固、细胞黏附。体内严重缺钙的人，如遇外伤可致流血不止，甚至引起自发性内出血。

近年医学研究证明，人体缺钙除了会引起动脉硬化、骨质疏松等疾病外，还能引起细胞分裂亢进，导致恶性肿瘤；引起内分泌功能低下，导致糖尿病、高脂血症、肥胖症；引起免疫功能低下，导致多种感染；还会出现高血压、心血管疾病、老年性痴呆等。

许多膳食调查的资料指出，我国人群中钙摄入量偏低。中国营养学会推荐的钙供给量标准为：从初生至10岁儿童，600毫克/日；10岁~13岁，800毫克/日；13岁~16岁，1 200毫克/日；16岁~19岁，1 000毫克/日；成年男女，600毫克/日；孕妇，1 500毫克/日；乳母，2 000毫克/日。英国成年男女供给量标准为500毫克/日，孕妇、乳母各1 200毫克/日。WHO的标准，成年男女为0.4克~0.5克，孕妇、乳母为1.0克~1.2克。

食物中钙的来源以奶（普通牛奶含钙量1.14毫克/克）及奶制品最好，不但含量丰富，且吸收率高，是婴幼儿最理想的钙源。蔬菜、豆类和油料作物种子含钙量也较丰富，其中特别突出的有黄豆（含钙量1.91毫克/克）及其制品（豆腐含钙量1.64毫克/克）、黑豆、赤小豆、各种瓜子、芝麻、小白菜等。小虾皮、花菜、海带等含钙也很丰富。饮食中应适当增加这些食品。此外，还应根据需要，适当服用葡萄糖酸钙、乳酸钙等容易吸收的钙制剂。需要注意的是，蔬菜或水果中的草酸，以及大量的脂肪，都会阻碍钙的吸收。为提高人体对钙的吸收率，还必须同时摄入丰富的维生素 D，或经常晒太阳。因为人体皮肤内的 7 - 脱氢胆固醇经日光中紫外线的照射，可转变成维生素 D。

骨质疏松

骨质疏松是多种原因引起的一种骨病，骨组织有正常的钙化，钙盐与基质呈正常比例，以单位体积内骨组织量减少为特点的代谢性骨病变。在多数骨质疏松中，骨组织的减少主要由于骨质吸收增多所致。发病多缓慢，以骨骼疼痛、易于骨折为特征。生化检查基本正常。病理解剖可见骨皮质菲薄，骨小梁稀疏萎缩类骨质层不厚。

酒精性骨质疏松症是指因长期、大量的酒精摄入导致骨量减少，骨的微观结构破坏，骨脆性增加，骨折风险性增加的一种全身骨代谢紊乱性疾病，属于继发性骨质疏松症，亦为低转换型骨质疏松，是临床常见的酒精性骨病之一。

影响钙吸收的因素

1. 肠道 pH 值条件：食物钙易溶解于酸性条件，尤其是胃酸与钙形成可溶性 $CaCl_2$ 最有利于吸收。其他如酸性氨基酸、乳酸等能酸化肠道环境的因素均有利于钙维持溶解而有利吸收。但草酸、碳酸、核苷酸和尿酸等弱酸与钙形成难溶物质，不仅干扰钙的吸收，还引起钙在组织沉淀成为钙化灶，在器官内沉淀形成结石。

2. 维生素 D：食物中的维生素 D 以及同化修饰后的羟化维生素 D，是钙在肠道吸收的关键因素。足量的羟化维生素 D，能加快钙离子在肠黏膜刷状缘积聚，增加细胞内维生素 D 依赖钙结合蛋白的合成，加速细胞内钙的迁移，使肠组织内钙的分布更广泛均匀。当肝肾功能受损时维生素 D 修饰会发生障碍，从而影响钙的吸收和代谢。

3. 酪蛋白磷酸肽：食物中的钙在胃中与胃酸结合为最有利于吸收的可溶性 $CaCl_2$，但一旦进入肠道碱性环境就会破坏等电条件，甚至与弱酸结合生成沉淀干扰吸收。酪蛋白是奶中蛋白之一，该蛋白经消化与磷酸结合成为酪蛋白磷酸肽。酪蛋白磷酸肽在小肠与钙结合成可溶性盐，有利于吸收。

4. 磷酸与有机酸：大多数有机酸均为弱酸，在肠道的碱性环境中与钙形成难溶物质阻碍钙的吸收。钙的吸收需要有磷的存在。食物中的钙磷比例以 2:1（钙:磷）为适当，当钙过高磷相对低时钙吸收不良，反之则因形成磷酸钙而沉淀也不能被吸收。

5. 激素：多种激素会影响钙的吸收，如维生素 D、甲状旁腺素、降钙素、雌性激素、甲状腺素、糖皮质激素、生长激素、雄性激素等。

6. 脂肪与蛋白：高蛋白饮食抑制钙吸收，过多的脂肪膳食又由于脂肪的水解消化，产生的脂肪酸与钙结合成脂肪酸皂钙沉淀而阻碍吸收。

7. 其他：钠、钾、氟、镁等元素，中草药和抗生素，抗癫痫药和利尿剂及过量的维生素 D 治疗可能阻碍钙吸收。恶性肿瘤、肝病和肾脏疾患影响到正常功能的程度均会影响到钙的吸收与代谢。

研究证实，食物中钙的吸收率随年龄下降，婴儿大于 50%；儿童 40% 左右；成年人 20% 左右；40 岁以后，钙的吸收率直线下降，不论其营养状况如何，平均每 10 年减少 5%～10%。

以此为依据，成年人，尤其是老年人应重视补钙。婴儿及儿童应重视钙的自然摄入和适当补钙。但从物质代谢平衡角度，补钙应该在"完全膳食"的基础上，针对不同人群的生理特点分别进行。

磷元素对人体的影响

正常人体中含磷量750克~1 130克，居体内各组成元素的第六位。常见的氧化形式有 -3、$+3$ 和 $+5$ 价，其中对生命有实际意义的是 $+5$ 价。

磷是构成人体骨骼和牙齿的主要成分。骨骼和牙齿中的磷占人体总磷量的85%。身体内90%的磷是以磷酸根（PO_4^{3-}）的形式存在。牙釉质的主要成分是羟基磷灰石 Ca_{10}（OH）$_2$（PO_4）$_6$ 和少量氟磷灰石 Ca_{10} F_2（PO_4）$_6$、氯磷灰石 Ca_{10} C_{12}（PO_4）$_6$ 等。羟基磷灰石是不溶性物质。当糖吸附在牙齿上并且发酵时，产生的 $H+$ 和 $OH-$ 结合生成 H_2O 及 PO_4^{3-}，就会使羟基磷灰石溶解，使牙齿受到腐蚀。如果用氟化物取代羟基磷灰石中的 $OH-$，生成的氟磷灰石能抗酸腐蚀，有助于保护牙齿。磷也是构成人体组织中细胞的重要成分，它和蛋白质结合成磷蛋白，是构成细胞核的成分。此外，磷酸盐在维持机体酸碱平衡上有缓冲作用。成年人每天摄取800毫克~1 200毫克磷就能满足人体的需要。当人体中缺磷时，就会影响人体对钙的吸收，就会患软骨病和佝偻症等。因此，必须注意摄取含磷的食物。成年人膳食中钙与磷的比例以1.5：1.1为宜。初生儿体内钙少，钙与磷的比例可接近5：1。

磷摄入或吸收不足可以出现低磷血症，引起红细胞、白细胞、血小板的异常，导致软骨病；因疾病或过多地摄入磷，将导致高磷血症，使血液中血钙降低导致骨质疏松。

如果摄取过量的磷，会破坏矿物质的平衡和造成缺钙。因为磷几乎存在于所有的天然食物中，在日常饮食中就摄取了丰富的磷，不必再专门补充。特别是40岁以上的人，由于肾脏不再帮助排出多余的磷，因而会导致缺钙。为此，

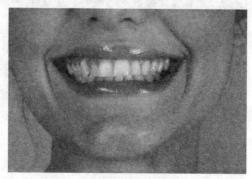

牙齿含有大量的磷

应该减少食肉量，多喝牛奶，多吃蔬菜。

一般国家对磷的供给量都无明确规定。因1岁以下的婴儿只要能按正常要求喂养，钙能满足需要，磷必然也能满足需要；1岁以上的幼儿以至成人，由于所吃食物种类广泛，磷的来源不成问题，故实际上并无规定磷供给量的必要。一般说来，如果膳食中钙和蛋白质含量充足，则所得到的磷也能满足需要。

美国对磷的供给量有一定的规定，其原则是出生至1岁的婴儿，按钙/磷比值为1.5∶1的量供给磷；1岁以上，则按1∶1的量供给磷。

人类的食物中有很丰富的磷，几乎所有的食物都含磷，特别是谷类和含蛋白质丰富的食物。常用的含磷食品主要有豆类、花生、鱼类、肉类、核桃、蛋黄等。在人类所食用的食物中，无论动物性食物或植物性食物都主要是其细胞，而细胞都含有丰富的磷，故人类营养性的磷缺乏是少见的。但由于精加工谷类食品的增加，人们也在面临着磷缺乏的危险。

知识点

红细胞

红细胞也称红血球，是血液中数量最多的一种血细胞，同时也是脊椎动物体内通过血液运送氧气的最主要的媒介，同时还具有免疫功能。成熟的红细胞是无核的，这意味着它们失去了DNA。红细胞也没有线粒体，它们通过葡萄糖合成能量。

红细胞中含有血红蛋白，因而使血液呈红色。血红蛋白中有铁元素，所以贫血的人宜多吃铁含量丰富的食物，来补血。血红蛋白能和空气中的氧结合，因此红细胞能通过血红蛋白将吸入肺泡中的氧运送给组织，而组织中新陈代谢产生的二氧化碳也通过红细胞运到肺部通过肺泡同体外的氧气进行气体交换，将二氧化碳排出体外。血红蛋白更易和一氧化碳相合，且血红蛋白一旦与一氧化碳结合后就无法再分离。当空气中一氧化碳的含量增高时，可引起一氧化碳中毒。

延伸阅读

人的脑神经

　　人的脑神经就是从脑发出左右成对的神经。共 12 对，依次为嗅神经、视神经、动眼神经、滑车神经、三叉神经、展神经、面神经、位听神经、舌咽神经、迷走神经、副神经和舌下神经。

　　12 对脑神经连接着脑的不同部位，并由颅底的孔裂出入颅腔。这些神经主要分布于头面部，其中迷走神经还分布到胸腹腔内脏器官。各脑神经所含的纤维成分不同。按所含主要纤维的成分和功能的不同，可把脑神经分为三类：一类是感觉神经，包括嗅、视和位听神经；另一类是运动神经，包括动眼、滑车、展、副和舌下神经；第 3 类是混合神经，包括三叉、面、舌咽和迷走神经。近年来的研究证明，在一些感觉性神经内，含有传出纤维。许多运动性神经内，含有传入纤维。脑神经的运动纤维，由脑内运动神经核发出的轴突构成；感觉纤维是由脑神经节内的感觉神经元的周围突构成，其中枢突与脑干内的感觉神经元形成突触。1894 年以来，先后在除圆口类及鸟类以外的脊椎动物中发现第 "0" 对脑神经（端神经）。在人类由 1—7 条神经纤维束组成神经丛，自此发出神经纤维，经筛板的网孔进入鼻腔，主要分布于嗅区上皮的血管和腺体。

镁元素对人体的影响

　　人类开始对镁的生理作用的研究，是从 20 世纪 70 年代末 80 年代初开始的。而对人体镁缺乏症，直到最近几年才引起注意。

　　成年人体内含镁量为 20 克～30 克，70% 的镁以磷酸盐和碳酸盐的形式存在于骨骼和牙齿中，其余 25% 存在于软组织中。人体内到处都有以镁为催化剂的代谢系统，约有 100 个以上的重要代谢必须靠镁来进行，镁几乎参与人体所有的新陈代谢过程。在人体细胞内，镁是第二重要的阳离子

（钾第一），其含量也次于钾。镁具有多种特殊的生理功能，它能激活体内多种酶，抑制神经异常兴奋性，维持核酸结构的稳定性，参与体内蛋白质的合成、肌肉收缩及体温调节。镁影响钾、钠、钙离子细胞内外移动的"通道"，并有维持生物膜电位的作用。

体内含镁量与几种常见病有关系。

1. 脑血管病。最近，日本学者通过调查发现，饮食中，镁、钙的含量与脑动脉硬化发病率有关。科研结果显示，当血管平滑肌细胞内流入过多的钙时，会引起血管收缩，而镁能调解钙的流出、流入量，因此缺镁可引起脑动脉血管收缩。脑梗塞急性期病人脑脊液中镁的含量比健康人低，而静脉注射硫酸镁后，会引起脑血流量的增加。血中钙离子过多也会引起血管钙化，镁离子可抑制血管钙化，所以镁被称为天然钙拮抗剂。实验还证实，脑脊液和脑动脉壁中保持高浓度镁是血管痉挛的缓冲机制。

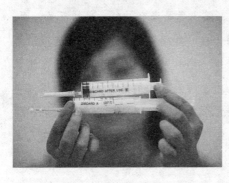

静脉注射

2. 高血压病。有学者在研究高血压病因时发现，给患者服用胆碱（B 族维生素中的一种）一段时间后，患者的高血压病症，像头痛、头晕、耳鸣、心悸都消失了。根据生物化学的理论，胆碱可在体内合成，而实际合成中，仅有维生素 B_6 不行，必须有镁的帮助。在高血压患者中往往存在严重的缺镁情况。

3. 糖尿病。糖尿病是由于吃过多的动物性蛋白质及高热量物质所致。我们来看美国一位生化博士对糖尿病原因的叙述：当人体吸收的维生素 B_6 过少时，人体所吸收的色氨酸就不能被身体利用，它转化为一种有毒的黄尿酸。当黄尿酸在血中过多时，在 48 小时就会使胰脏受损，不能分泌胰岛素而发生糖尿病，同时血糖增高，不断由尿中排出。只要维生素 B_6 供应足够，含有镁离子的水黄尿酸就减少。镁可减少身体对维生素 B_6 的需要量，同时减少黄尿酸的产生。凡患糖尿病的人，血中的含镁量特别低，因此，糖尿病是维生素 B_6、镁这两种物质缺乏而引起的。

除上述几种常见病外，缺镁还会引起蛋白质合成系统的停滞，激素分泌的减退，消化器官的机能异常，脑神经系统的障碍等。这些病症有许多是直接或间接和镁参与的代谢系统变异有关。

体内镁的来源及镁缺乏的原因：镁在人体中正常含量为 20 克 ~ 30 克，属常量元素。人对镁的每日需要量大约 300 毫克 ~ 700 毫克，其中约 40%来自食物，食物中以绿色蔬菜含镁量最高，镁离子在肠壁吸收良好。约60%由含有镁离子的饮用水提供。

知识点

血管痉挛

血管痉挛是指动脉因外界因素或者自身的因素引起的在一段时间内的异常收缩状态。脑血管痉挛患者会有反复头痛、头晕、记忆力下降、情绪失调、睡眠障碍等症状，应注意合理膳食、适量运动、戒烟限酒和保持心理平衡。

延伸阅读

人体的脏腑

中医学把人体内在的重要脏器分为脏和腑两大类，有关脏腑的理论称为"藏象"学说。藏，通"脏"，指藏于内的内脏；象，是征象或形象。这是说，内脏虽存于体内，但其生理、病理方面的变化，都有征象表现在外。所以中医学的脏腑学说，是通过观察人体外部征象来研究内脏活动规律及其相互关系的学说。脏和腑是根据内脏器官的功能不同而加以区分的。脏，包括心、肝、脾、肺、肾五个器官（五脏），主要指胸腹腔中内部组织充实的一些器官，它们的共同功能是贮藏精气。精气是指能充养脏腑，维持生命活动不可缺少的营养物质。腑，包括胆、胃、大肠、小肠、膀胱、三焦六个器官（六腑），大多是指胸腹腔内一些中空有腔的器官，它们具有消化食物，吸收营养、排泄糟粕的功能。除此之外，还有"奇恒之腑"，指的是在五脏六腑之外，生理功能方面不同于一般腑的一类器官，包括脑、髓、骨、脉、女子胞等。应当指出的是，中医学里的脏腑，除了指解剖的实质脏器官，更重要的是对人体生理功能和病理变化的概括。因此虽然与现代医学里的脏器名称大多相同，但其概念、功能却不完全一致，所以不能把两者等同起来。中医学认为，人的有机整体是以五脏为核心构成的一个极为复杂的统一体，它以五脏为主，配合六腑，以经络作为网络，联系躯体组织器官，形成五大系统。这是中医学系统论的一部分。人体内脏器官之间，不但有结构上的某种联系，而且在功能上也是密切联系、相互协调的。某一生理活动的完成，往往有多脏器的参与，而一个脏器又具有多方面的生理效能。内脏之间的这种相互联系是人体内脏生理活动的整体性的表现。因此，内脏发生病变后也可以相互影响。

钾元素对人体的影响

钾可以调节细胞内适宜的渗透压和体液的酸碱平衡，参与细胞内糖和蛋白质的代谢。有助于维持神经健康、心跳规律正常，可以预防中风，并协助肌肉正常收缩。在摄入高钠而导致高血压时，钾具有降血压作用。

氯化钠、氯化钾溶于水中产生钠离子、钾离子和氯离子，它们的重要作用是控制细胞、组织液和血液内的电解质平衡，这种平衡对保持体液的正常流通和控制体内的酸碱平衡是必要的。氯是胃液中胃酸的成分，胃酸主要是盐酸组成，所以氯是重要的生命必需元素。

尽管钾在人体内占总矿物元素含量的5%，仅次于钙和磷，但也许是因为食物中都含有充足的钾而不易引起缺乏，以至于人们未能认识到钾对于机体健康的重要性。人体内钾70%存在于肌肉，10%在皮肤，其余在红细胞、骨髓和内脏中。

钾作为人体的一种常量元素，在细胞内糖和蛋白质代谢等方面具有重要的意义，机体中大量的生物学过程都不同程度地受到血浆钾的浓度影响。值得注意的是，钾的大部分生理功能都是在与钠离子的协同作用中表现出

来的，因此，维持体内钾、钠离子的浓度平衡对生命活动是十分重要的。

在人体内钠离子、钾离子和氯离子三种离子都应保持平衡，任何一种离子不平衡，都会对身体产生影响。例如运动员在激烈的运动过程中大量出汗，汗水中除了水分外，还含有 Na^+、K^+ 和 Cl^- 等离子。因此，出汗太多，使体内 Na^+、K^+ 和 Cl^- 等离子浓度大为降低，促使肌肉和神经受到影响，导致运动员出现恶心、呕吐，严重的出现衰竭和肌肉痉挛。所以运动员在比赛前后要注意补充盐分，炼钢工人或高温工作者的饮料中要加入适量的食盐。人体内缺钠会感到头晕、乏力，长期缺钠易患心脏病，并可导致低钠综合征。但人体内钠含量高了也会危害健康，科学界已基本认定食盐过量与高血压有一定的关系，有报道说，人体随食盐摄取量的增加，骨癌、食道癌、膀胱癌的发病率也增高。因此，对于高血压患者，世界卫生组织建议的含盐摄入标准是每天不超过 6 克。

人体钾缺乏可引起心跳不规律和加速、心电图异常、低血钾症、肌肉衰弱和烦躁，最后导致心跳停止。一般而言，身体健康的人，会自动将多余的钾排出体外。但肾病患者则要特别留意，避免摄取过量的钾。中国营养学会提出的每日膳食中钾的"安全和适宜的摄入量"，初生婴儿至6

炼 钢

个月每人为 350 毫克~925 毫克，1 岁以内为 425 毫克~1 275 毫克，1 岁以上儿童（儿童食品）每人每天 550 毫克~1 650 毫克，4 岁以上 775 毫克~2 325 毫克，7 岁以上为 1 000 毫克~3 000 毫克，11 岁以上青少年（少年食品）为 1 525 毫克~4 575 毫克，成年男女为 1 875 毫克~5 625 毫克，这个参考指标与美国国家科学研究委员会的食品与营养委员会估计的安全和适宜的膳食钾日摄取量相当。

钾广泛存在于各种动植物食物中，肉类、蔬菜以及水果都是钾的良好食物源，尤其是大豆、花生仁、虾米中更含有丰富的钾，马铃薯、香蕉、番茄、橙子以及肉类、鱼类都含有较多的钾。

低血钾

　　当人体血浆中钾离子浓度低于 3.5 mEq/L 时称为低血钾，常见原因为摄取减少、流失过多，如腹泻、呕吐等及钾离子由细胞外液转移至细胞内液。当人体发生低血钾时，将影响人体的心脏血管、中枢神经、消化、泌尿及肌肉系统。

　　但是，血清钾降低，并不一定表示体内缺钾，只能表示细胞外液中钾的浓度，而全身缺钾时，血清钾不一定降低。故临床上应结合病史和临床表现分析判断。

人体中内环境恒定与稳衡机制

　　19 世纪中叶出现的进化论和内环境恒定概念以及 20 世纪上叶提出的稳衡概念使我们对人体有了明晰的理解。生物进化初期的单细胞生物主要在原始海洋中生活，那里的温度、渗透压、酸碱度和营养素浓度基本保持在适宜生存的范围内。以后出现的多细胞生物，也在体内保持了一个与原始海洋相近的内环境；内部细胞都生活在相对稳定的细胞外液（内环境）中，只有界面细胞才对外界。再后的进化进一步提高了这个内环境的稳定程度，于是生物得以登陆甚至栖居干旱地区。两栖类和爬虫类的体温还随环境而变，到寒季要冬眠，但鸟类和哺乳类身体开始保持恒温，这使它们逐渐征服了高寒地区。

　　和其他多细胞生物一样，人体的内环境是体内细胞周围的细胞外液，称为内环境是相对于体外环境而言。内环境中一些重要理化因子经常保持在一定的正常范围内（内环境恒定）。人体内环境的稳定程度大于其他生物，例如温度、酸碱度（pH）、渗透压、钙和钾等离子浓度都保持在一定范围内；营养成分如氧、葡萄糖、氨基酸和维生素浓度不少于一定数值，而废物如尿素不超过某个数值；重要调节因子（如激素）的水平适应机体发育和生理的需要；防御细胞和免疫球蛋白也能应付常见的感染。这一切出现异常时可导致疾病的发生。像脑细胞这样代谢率高而又缺乏营养储备的组织离不得氧和葡萄糖的稳定供应，短时的缺乏就可能导致不可逆的损伤。

这个稳定状态是依靠一套稳衡机制来取得的。稳衡一词原指机体维持生理稳态的现象及借以实现这个稳态的自动调节过程。这种稳态是动态平衡的结果。例如体温决定于两个相反的过程：产热和散热。在基础状态下，许多生命过程都产热，如细胞膜上的纳钾泵、平滑肌收缩和肠道主动吸收营养素的过程。在运动时，骨骼肌产生的热成为体热的主要成分。散热主要通过体表，体表血管扩张有利核心热量外散。当外界温度高于体温而无法通过辐射和对流散热时，蒸发散热（如出汗和呼吸）就成为唯一的方法。这两个过程等速时，体温稳定在一个平衡点上。在人类，这个平衡点在37℃上下，可能因为人体酶系在这个温度。

不可缺少的微量元素

在人体中含量低于 0.01% 的元素称为微量元素。目前已经确定的微量元素有 20 种，它们是：锌（Zn）、铜（Cu）、钴（Co）、铬（Cr）、锰（Mn）、铁（Fe）、砷（As）、硼（B）、硒（Se）、镍（Ni）、锡（Sn）、硅（Si）、氟（F）、钒（V）、钼（Mo）等。

微量元素与人类健康密切相关。近年来，微量元素被认为是关系到人类健康和长寿的一个充满希望的新领域，已引起国内外营养界和医学界的普遍重视。下面我们看看部分微量元素是如何影响人体健康的。

钴元素。是维生素 B_{12} 的重要组成部分。钴对蛋白质、脂肪、糖类代谢、血红蛋白的合成都具有重要的作用，并可扩张血管，降低血压。但钴过量可引起红细胞过多症，还可引起胃肠功能紊乱、耳聋、心肌缺血。

氟元素。氟是人体骨骼和牙齿的正常成分。它可预防龋齿、防止老年人的骨质疏松。但是，过多吃进氟元素，又会发生氟中毒，得"牙斑病"。体内含氟量过多时，还可产生氟骨病，引起自发性骨折。

铬元素。可协助胰岛素发挥作用，防止动脉硬化，促进蛋白质代谢合成，促进生长发育。但当铬含量增高，如长期吸入铬酸盐粉，可诱发肺癌。

由此看来，微量元素虽对人体特别重要，但摄入量过多过少都能引起疾病。目前发现许多地方病和某些肿瘤都与微量元素有关。

近几年来，医学界对微量元素的研究日益加深，这些看来不起眼的元素，对人的健康有着举足轻重的作用。

锰是人体内许多重要酶的辅助因子，这些酶具有消除导致细胞老化的氧化物的作用，人体缺锰会使机体的抗氧化能力降低，从而加速机体的衰老。我国著名的长寿之乡——广西巴马县，那里的长寿老人头发中锰的含量就高于非长寿地区老人。

锌也是许多酶的组成成分，在组织呼吸、蛋白质的合成、核酸代谢中起重要作用。锌对皮肤、骨骼的正常发育是必需的，锌能促使脑垂体分泌出性腺激素，从而使性腺激素发育成熟，功能处于正常的稳定状态。动物实验表明，衰老与性腺有关。因此，锌能防止人体衰老，同时还具有预防高血压、糖尿病、心脏病、肝病恶化的功能。人体慢性缺锌会引起食欲缺乏、味觉嗅觉迟钝、伤口痊愈率降低、儿童生长发育受阻、老年人会加重衰老等症状。

铬有降低胆固醇的作用。凡是患有动脉粥样硬化病的人，其机体的细胞里无例外地缺乏铬元素。缺铬还会使胰岛功能下降，以致胰岛素分泌不足，使糖类代谢紊乱而患上糖尿病。

人体内的钴元素常以维生素 B_{12} 的形式存在。成人体内含钴元素总量约 1.5 毫克。人体缺乏维生素 B_{12} 时，会导致患恶性贫血症。

微量的铜元素在人体内参与造血过程，催化血红蛋白的合成。人体血液内如缺少微量铜，即使铁元素不缺少，血红蛋白仍难形成，也会导致贫血。所以，缺铁性贫血病人适当多吃些含铜丰富的食物，可以促进铁的吸收。此外，骨骼中的微量铜参与某些酶的合成，维持骨骼的正常生长发育，因此人体缺铜还可能导致骨质疏松、骨关节肿大等症。缺铜还会导致胆固

醇升高，增加动脉粥样硬化的危险。小儿缺铜会导致发育不良。

人体中必需的微量元素大都可以通过膳食自给自足。这里将含上述几种元素较丰富的某些食品列于下：

锰：豆类、核桃、花生、绿叶蔬菜。

锌：带鱼、墨鱼、紫菜等及瘦肉、糙米、豆类、白菜、萝卜。

铬：瘦肉、动物肝、黄豆、新鲜蔬菜、蜂蜜、红糖。

钴：动物肝、海鱼、谷类、大白菜。

铜：猪肝、鱼类、瘦猪肉、豆类、芝麻、坚果、叶菜类。

碘：海带、紫菜等。

知识点

甲状腺肿大

单纯性甲状腺肿称"粗脖子"、"大脖子"，以缺碘为主的代偿性甲状腺肿大。青年女性多见，一般不伴有甲状腺功能异常。散发性甲状腺肿可由多种病因导致相似结果，即机体对甲状腺激素需求增加，或甲状腺激素生成障碍，人体处于相对或绝对的甲状腺激素不足状态，血清促甲状腺激素分泌增加，致使甲状腺组织增生肥大。

甲状腺的主要功能是合成甲状腺激素，调节机体代谢，一般人每日食物中约有$100\mu g \sim 200\mu g$无机碘化合物，经胃肠道吸收入血循环，迅速为甲状腺摄取浓缩，腺体中贮碘约为全身的1/5。

延伸阅读

人体的八大系统

消化系统：口腔、牙齿、舌头、食管、胃、肠、肝、胆、血液、心脏、血管、骨肉、泌尿。负责食物的摄取和消化，使我们获得糖类脂肪蛋白质维生素等营养。

神经系统：大脑、神经、皮毛、运动、思维。负责处理外部信息，使我们能对外界的刺激有很好地反应，包括学习等重要的活动也是脑神经系统完成的。

呼吸系统：鼻腔、气管、肺、心脏。气体交换的场所，使人体获得新鲜的氧气。

循环系统：血管、淋巴系统。负责氧气和营养的运输，废物和二氧化碳的排泄以及免疫活动。

运动系统：骨骼、肌肉、心脏、肺。负责身体的活动，使我们可以做出各种姿势。

内分泌系统：各种腺体。调解生理活动，使各个器官组织协调运作。

生殖系统：生殖器。主要负责生殖活动，维持第二性征。

泌尿系统：膀胱。负责血液中废物的排泄，产生尿液。

危害人体的化学元素

有害化学元素对人体健康有着可怕的危害作用，它们能使人的身体受到极大的损坏。人体的各大系统，如消化道系统、中枢神经系统、造血系统等都会在有害化学元素的破坏下，严重损坏甚至瘫痪，从而让健康的人体急剧转向不健康。所以，对于有害化学元素一定要提高认识，防止身体受到有害化学元素的毒害。

铅元素

在日常生活中，颜料、油漆、染料中常含有铅的化合物，可经触摸等方式经皮肤渗透而进入人体；儿童连环画、糖果纸、塑料袋和玩具上的彩色油墨，也都可能成为儿童体内多量铅的来源。在某些化妆品中含有铅白（碱式碳酸铅），长时间使用也会有碍健康。饮食是环境中多量铅进入人体的"通途"。食品中超常含量的铅常发生于这样几种场合：①野禽受铅弹猎杀后，其肉中含铅未被剔除干净；②我国传统食品松花蛋（皮蛋），由于在加工过程中使用了黄丹粉而有较高铅含量；③含铅成分的焊料用于焊接食品罐头缝口时，罐头食品中含铅量较高。

进入人体中的铅主要经消化道、呼吸道吸收后转入血液，与红细胞结合后再传输到全身和被分配到体内各组织器官。人体内约90%的铅以不溶性磷酸铅形态蓄积在骨骼之中，其他则存留于肝、肾、肌肉等部位。有机的铅化合物（如四乙基铅）则趋于脑组织中富集。在老年骨质疏松或缺钙的人体中摄入多量钙制剂时，贮存于骨中的铅可能多量释放后转入血液。

油漆工

铅对人体的不良影响与它对酶的抑制作用有关。机体中过量的铅可与酶结构中的 SH 基团和 SCH$_3$ 基团作用，并与硫紧密结合。Pb（Ⅱ）可能抑制乙酰胆碱酯酶、碱性磷酸酶、三磷腺苷酶、碳脱水酶和细胞色素氧化酶的活性，扰乱了机体正常发育中所必需的生化反应和生理活动。

人体对铅中毒耐受性差别很大，多量的毒理系数通过动物试验得出。有关人体中毒的定量数据还相当缺乏，而且受毒后症状也各不相同。但总的说来，铅中毒的主要症状为：

急性中毒——金属味、腹痛、呕吐、腹泻、少尿、昏睡。

慢性中毒。

①初期——食欲缺乏、体重减轻、呕吐、疲乏、牙龈基部出现黑色铅线、贫血；

②中期——呕吐、四肢和关节钝痛、膜部绞痛、指和手腕麻痹；

③重症期——频繁呕吐、运动失调、昏迷、脑神经麻痹、痉挛。

以上这些症状主要涉及人体 4 个组织系统：肠胃、肾脏、血液和神经。

人体摄入过量铅，会引起中枢神经系统损伤，出现疲怠、头痛、痉挛、精神障碍等。过量铅可损害骨髓造血系统，引起贫血，主要是过量铅干扰血红蛋白代谢所造成的。过量铅作用于心血管系统时引起动脉硬化、心肌损害。胃肠铅中毒则表现为胃肠黏膜出血、肠管痉挛。长期低浓度的接触（如长期食用含铅较高的食物或环境污染）可引起慢性中毒，其症状有食欲缺乏、口中有金属味、失眠、头痛、头昏、腹痛和贫血，其中贫血是铅中毒的早期特征。除此之外，铅中毒还可以引起肾病、高血压、脑水肿等。特别需要指出的是铅对儿童的危害，儿童由于代谢和排泄功能不完善，血脑屏障成熟较晚，所以对铅有特殊的易感性，低浓度的铅即可导致儿童生长迟缓、智力降低。儿童体内对铅的吸收率比成人高出 4 倍以上，且体内缺铁、缺钙的儿童其摄入和吸收铅的速率更快。儿童铅中毒时常会引起脑病综合征，具有呕吐、嗜睡、昏迷、运动失调、活动过度等神经病学症状，重者失明、失聪，乃至死亡。

定量检测尿中含铅近于 0.1 毫克/升，或粪便含铅近于 1 毫克/日，就应疑是铅中毒病者，随即提高警惕，追查铅毒来源并脱离接触。在饮食中还可多吃一些大蒜，因为大蒜中含元素硒量较多，对铅的毒性有拮抗作用。

汞元素

汞是最有害的微量元素之一。存在于环境中的汞及其化合物可经呼吸由肺、经溶解而由皮肤、经口进入消化道等途径进入人体，还可由母体胎盘、乳汁进入胎儿、婴儿体内。汞离子与细胞膜中含巯基的蛋白质有特殊的亲和力，从而能直接损害这类蛋白质和酶。汞离子与某些蛋白质蓄积于人体内，特别是肾和肝中，因此，肾功能障碍是汞中毒的首要标志。除了无机汞，自然界中因环境污染而产生有机汞，以甲基汞为多，甲基汞能使脑蛋白质合成活性减低，并沉积于脑组织中，从而导致神经系统中毒。

人类除了职业性接触汞外，在使用含汞药、防毒剂、杀菌剂时亦有汞中毒机会。进入人体的大多数汞还是来源于食品。被污染水体中的汞有可能通过以下的水生食物链进入人体：水中溶解态或颗粒态汞→细菌、浮游生物→小鱼→大鱼→人；汞还可由陆生食物链进入人体，含汞农药→植物根、叶、果实→鸟或啮齿类动物（如野兔）→人。除食物之外，某些镇惊安神或祛痛生机的中医药物，如朱砂、轻粉、升汞、白降丹也可能在

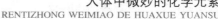
用药时经口摄入。对于以上药物都应慎用或不用，以免引毒入口。

进入机体的无机汞多蓄积在肾、肝、骨髓、脾等脏器；烷基汞多存在于肾、肝、肌肉中，又特别容易通过血脑屏障，以在脑内蓄积为其特征。

经呼吸道吸入人体的汞蒸气或经消化道摄入的汞盐都可首先进入血液，且与血红蛋白相结合。元素汞还可迅速在血液中被氧化为离子态。甲基汞在体内具有极大稳定性，初时，它也被牢固结合于红细胞中的血红蛋白；经数天后，其极大部分仍可能以原有的有机物形态存在于脑和肝中，仅小部分在肾脏中被代谢，转化为无机汞化合物。

汞的毒性因化学形态不同而有很大差别。经口摄入体内的元素汞基本上无毒，但通过呼吸道摄入的蒸气态汞是高毒的；单价汞的盐类溶解度很小，基本上也是无毒的，但人体组织和血红细胞能将单价汞氧化为具有高度毒性的二价汞；有机汞化合物通常都是高毒性的，汞的毒性以有机汞化合物毒性最大。有机汞中苯汞、甲氧基－乙基汞的毒性较轻，而烷基汞等是剧毒的，其中甲基汞的毒性大，危害最普遍。甲基汞与红细胞中血红素分子的巯基结合，生成稳定的巯基汞烷基汞，它们蓄积在细胞内和脑室中，滞留时间长，导致中枢神经和全身性中毒。

对于慢性中毒患者，治疗对策应以对症疗法为主，可使用大量三磷酸腺苷制剂、烟酸、维生素 B_1、维生素 B_{12}、维生素 E 等治疗，都有较好的排汞效果。

砷元素

科学家们经过 20 多年的研究认为，适量的砷对人体是必需的，因此将砷列为生物可能必需元素。每人每天摄入的砷不得低于 12 微克。动物和人体对砷的需求量都很低，在一般条件下均能得到满足。含砷化合物的性能表现有其致毒的一面，砷化合物的毒性早就为人所识，并且逐步深化，所以其应用范围和数量已日渐缩减。特别在医用方面，需采取更加慎重的态度。除严格限制用量，尽量避免内服，外用也要慎重，尽可能取用其他替代药物。此外，孕妇或幼者皆不宜服用含砷药物。

在生活中含毒砷化合物大多还是通过饮食进入人体：水的污染、使用含砷饲料添加剂或农药，都有可能使其中砷化合物经家禽家畜的肉类和瓜果类悄然进入人体。

人体内砷可遍布于人体所有组织。骨骼和肌肉是体内砷的主要贮存组织。虽然其中浓度不一定很大，但这两种组织在人体总质量中的比率是最大的。正常人体中血液、头发和尿的含砷量分别约为 0.036 毫克/千克、0.460 毫克/千克和小于 0.5 毫克/升。一般地说，含蛋白量多的组织较容易富集砷，而酸溶性的类脂质中含砷量较少。

单质砷几乎无毒性，有机砷化合物的毒性也相对较低，很多无机砷化合物有很大毒性。常见剧毒的无机砷化合物是三氧化二砷，中毒量为 10 毫克~50 毫克，致死量 60 毫克~200 毫克。在致死剂量下，重症者 1 小时内死亡，平均致死时间 12 小时~24 小时。五价化合物比三价的三氧化二砷毒性低得多。人们喜食的水生、甲壳类食物（小虾、对虾）含有较高浓度五价砷化合物，只要不食之过量，对人体全然无害。但如在食后服用多量具有还原性的维生素 C，则在其作用下，进入体内的五价砷化合物会转为低价砷化合物而危害健康。进入人体的砷会在体内酶分子（例如丙酮酸脱水酶的分子）上与酶活性相关的巯基结合，由此抑制酶的活性。特别表现在细胞代谢和呼吸作用受阻，其药理作用是扩张和增加毛细血管的渗透性，并出现水肿。砷化氢的毒性表现与其他砷化合物不同，其经呼吸被机体吸收后，可与血红蛋白结合成氧化砷，由此发生溶血作用，会引起结核膜出血、黄疸、溶血性贫血等病情，急性死亡率甚高。

对急性中毒者应先用温水或温水加药用炭洗胃，用药催吐或导泻。对度过危险期的病人或原先是慢性中毒者，可取以下治疗方法：①使用二巯基丙醇（BAL）药物做驱砷治疗；②静脉注射 10% 硫代硫酸钠溶液；③对严重肾衰者透析；④对休克脱水者输液，并用升压药或类固醇类药物治疗。

砷一般从消化道和呼吸道进入人体，被胃肠道和肺脏吸收，并散布在身体内的组织和体液中。同时皮肤也可以吸收砷。砷进入人体内，蓄积在甲状腺、肾、肝、肺、骨骼、皮肤、指甲、头发等处，体内砷主要经过肾脏和肠道排出。

人体正常含砷量约为 98 毫克，每人每天允许最高摄入量是 3 毫克（FAO/WHO 标准）。当过量砷进入人体时会产生一系列不良的生物化学反应。

砷的毒性是抑制了酶的活性，三价砷可与机体内酶蛋白的巯基反应，形成稳定的化合物，使酶失去活性，因此三价砷有较强的毒性，如砒霜、三氯化砷、亚砷酸等都是有剧毒的物质。三价砷的毒性要比五价砷的毒性大数十倍。当吸入五价砷离子后，只有在体内还原为三价砷离子，才能产生毒性作用。

砷中毒

砷和磷在化学性质上具有相似性，因此机体内的砷可干扰一些有磷参与的反应。当人体内蓄积过量的砷时，三价砷阻滞三磷腺苷的合成作用，从而引起人体乏力、疲惫；三价砷对酶系统正常作用的干扰，使细胞氧化功能受阻，呼吸障碍，代谢失调；危及神经细胞时，可导致神经系统功能紊乱，运动失调损害。过量砷也可能引发循环系统障碍，表现为血管损害，心脏功能受损害。过量的砷使染色体变异，可致畸、致突变。砷中毒有明显的皮肤损害，出现皮肤增厚、角化过度，有时可恶化为皮肤癌。

锑元素

所有的锑化合物对人体都有毒。锑及其化合物以蒸气形式或粉末状态经呼吸道吸入，也可由消化道吸收，药用锑剂可由静脉注射而进入体内。进入人体内的锑广泛分布于各组织器官中，以肝脏和甲状腺为多。血中锑在红细胞中的浓度比血清高数倍。锑对人体的损害可表现呼吸道、心脏、肝脏和血液，其中对呼吸道损害尤甚。锑对人体产生的毒性作用，是由于锑在体内可与巯基结合，抑制某些巯基酶如琥珀酸氧化酶的活性，与血清中硫氢基相结合，干扰了体内蛋白质及糖的代谢，损害肝脏、心脏及神经系统，还对黏膜产生刺激作用。进入体内的三价锑进入血液后，可存在于红细胞中，并分布于肝脏、甲状腺、骨骼、胰腺、肌肉、心脏及毛发中，而五价锑主要存在于血浆中，少量贮存在肝脏。由呼吸道吸收的难溶化合物，可在肺内沉积。

口服锑化合物（特别是三价锑）会引起急性中毒，发生流涎、口内有金属味、食欲减退、口渴、恶心、呕吐、腹痛、腹泻、大便带血、头疼、头晕、乏力、咳嗽及肢端感觉异常等症状；并使肝肿大，有压痛感。严重时发生闭尿、血尿、痉挛、心律失常、血压下降、虚脱等现象。据资料介绍，锑对人的致死量，成人为97.2毫克，儿童为48.6毫克；内服酒石酸锑钾剂量达150毫克时可致死；若按一般成人体重70千克计，则致死量为2毫克/千克。

最常见的是慢性锑中毒，长期接触低浓度的锑及锑化合物粉尘或烟尘后，会引起慢性中毒。其症状主要表现为乏力、头晕、失眠、食欲减退、恶心、腹痛、胃肠功能紊乱、胸闷、虚弱等一般症状，引起慢性结膜炎、慢性咽炎、慢性副鼻窦炎等黏膜刺激症状。

铍元素

铍是一个强烈的致癌元素。铍主要从呼吸道侵入肌体，进入体内的铍大部分与蛋白质结合，并贮存于肝和骨骼中。铍离子有拮抗镁离子的作用。因为铍和镁处于周期表的同一族中，Be^{2+} 可以置换激活酶中的 Mg^{2+}，从而影响激活酶的功能。铍易积蓄于细胞核中，并阻止胸腺嘧啶脱氧核苷进入DNA，干扰 DNA 合成，这也许是铍致癌的原因之一。

铋元素

铋及其化合物均有毒性，但一般人体很难吸收。由于铋在自然界中较为稀散，食物中含量极低。只在治疗梅毒、口腔炎、膀胱造影中使用过铋制剂有不少中毒报告，主要表现为肝、肾损伤，严重时可发生急性肝功能和肾衰竭。

知识点

高血压

高血压病是指在静息状态下动脉收缩压和或舒张压增高（≥140/90mmHg），常伴有脂肪和糖代谢紊乱以及心、脑、肾和视网膜等器官功能性或器质性改变。血压升高还是多种疾病的导火索，会使冠心病、心力衰竭及肾脏疾患等疾病的发病风险增高。

由于部分高血压患者并无明显的临床症状，高血压又被称为人类健康的"无形杀手"。因此提高对高血压病的认识，对早期预防、及时治疗有极其重要的意义。

延伸阅读

人体器官的衰老

有些常识我们必须要清楚的，那就是人体器官的衰老年龄。了解了这些，我们才会不被鲜活的面貌所欺骗，才会更加珍惜生命，注重生活质量，形成健康环保的生活习惯。

据英国《每日邮报》报道，英国研究人员确认了人体各个部位的衰老年龄。实际上，人体一些部位在我们外表变老之前功能就开始退化，下面就看看我们自己的器官走到哪一步了。

1. 皮肤：25 岁左右开始老化，随着生成胶原蛋白（充当构建皮肤的支柱）的速度减缓，加上能够让皮肤迅速弹回去的弹性蛋白弹性减小，甚至发生断裂，皮肤在你 25 岁左右开始自然衰老。女性在这一点上尤为明显。死皮细胞不会很快脱落，生成的新皮细胞的量可能会略微减少，从而带来细纹和褶皱的皮肤。

2. 大脑：20 岁开始衰老，随着年龄增大，大脑中神经细胞（神经元）的数量逐步减少。出生时神经细胞的数量达到 1 000 亿个左右，但从 20 岁起开始逐年下降。到了 40 岁，神经细胞的数量开始以每天 1 万个的速度递减，从而对记忆力、协调性及大脑功能造成影响。英国神经学家表示，尽管神经细胞的作用至关重要，但事实上大脑细胞之间缝隙的功能退化对人体造成的冲击最大。大脑细胞末端之间的这些微小缝隙被称为突触，突触的职责是在细胞数量随我们年龄变得越来越少的情况下，保证信息在细胞之间正常流动。

3. 头发：30 岁开始脱落，男性通常到 30 多岁开始脱发。

4. 儿童骨骼生长速度很快，只要 2 年就可完全再生。成年人的骨骼完全再生需要 10 年。25 岁前，骨密度一直在增加。但是，35 岁骨质开始流失，进入老化过程。骨骼大小和密度的缩减可能会导致身高降低。椎骨中间的骨骼会萎缩或者碎裂。

5. 眼睛开始衰老：40 岁。老花情况比我们预想中出现得早，一般人从 40 岁开始就变成了"远视眼"。这是因为随着年龄的增长，眼部肌肉变得越来越无力，眼睛的聚焦能力开始下降。

6. 心脏开始衰老：40 岁。40 岁开始，心脏向全身输送血液的效率大幅降低，这是因为血管逐渐失去弹性，动脉也可能变硬或者变得阻塞，造成这些变化的原因是脂肪在冠状动脉堆积形成。

7. 牙齿开始衰老：40 岁。人变老的时候，唾液的分泌量会减少。唾液可冲走细菌，唾液减少，牙齿和牙龈更易腐烂。牙周的牙龈组织流失后，牙龈会萎缩，这是 40 岁以上成年人常见的状况。

8. 肾脏开始衰老：50 岁。肾脏过滤量从 50 岁开始减少，肾过滤可将血流中的废物过滤掉，肾过滤量减少的后果是，人失去了夜间憋尿功能，需要多次跑卫生间。75 岁老人的肾过滤量是 30 岁壮年的一半。

9. 肠：55 岁开始老化。健康的肠可以在有害和"友好"细菌之间起到良好的平衡作用。肠内友好细菌的数量在我们步入 55 岁后开始大幅减少，结果使得人体消化功能下降，肠道疾病风险增大。随着我们年龄增大，胃、肝、胰腺、小肠的消化液流动开始下降，发生便秘的几率便会增大。

10. 肝脏：70 岁才会变老。肝脏似乎是体内唯一能挑战老化进程的器官，因为肝细胞的再生能力非常强大。如果不饮酒、不吸毒，或者没有患过传染病，那么一个 70 岁捐赠人的肝也可以移植给 20 岁的年轻人。

警惕有害的化学元素

金属及其化合物对生物体内某些器官和系统中的某些生物分子有特殊的亲和力，这种作用与金属的侵入途径、浓度、溶解性、存在状态、代谢特点、金属本身的毒性、生物体的种类及其一般健康状况等因素密切相关。可见，金属毒性机制是十分复杂的问题。一般来说，下列任何一种机制都能引起金属毒性。

1. 阻断了生物分子表现活性所必需的功能基。例如，Hg（Ⅱ）、Cd（Ⅱ）离子与酶中半胱氨酸残基的—SH 基结合。半胱氨酸残基的—SH 基是许多酶的催化活性部位，当结合重金属离子后，就抑制了酶的催化活性。

2. 置换了生物分子中的必需金属离子。例如，Be（Ⅱ）可以取代 Mg（Ⅱ）——激活性酶中的 Mg（Ⅱ），由于 Be（Ⅱ）与酶结合的强度比 Mg（Ⅱ）大，因而它会阻断酶的活性。

3. 改变生物分子构象或高级结构。生物分子所具有的特定构象，赋予生物分子特定的生物功能，金属离子能改变一些生物大分子如蛋白质、核酸和生物膜的构象。如多核苷酸负责贮存和传递信息，一旦发生变化，可能会引起严重后果，如致癌和先天性畸形。

镉是联合国粮农组织（FAO）和世界卫生组织（WHO）列为最优先研究的食品中的严重污染元素，它不是人体必需的元素。新生儿体内并不含镉，但随着年龄的增长，进入人体的镉可以逐渐蓄积，50 岁左右的人体内镉含量可达 20 毫克~30 毫克。镉主要通过呼吸道和消化道进入人体，镉在人体的半衰期为 6 年~18 年。存在于环境中的镉及其化合物可经呼吸而由肺、经溶解而由皮肤、经饮食而由消化道等途径进入人体。

空气中仅含少量镉，其来源主要是煤炭和汽油燃烧、汽车排放尾气和生物富集等方面。有人估计，每天吸 20 支烟（含镉总量约 30 微克），可吸入人体的镉约为 12 微克。通过饮食进入人体中的镉，一方面来自饮用水和食品本身的污染，另一方面也来自那些具有带色图案的玻璃、搪瓷食具、冰箱镀镉的冰槽及塑料制餐具等。在存放酸性食物和饮料时，这些器件中所含的镉化物就很容易溶解出来，在进食时进入人体。

镉进入人体与蛋白质分子中的巯基相结合。镉对磷有很强的亲和力，进入人体的镉能将骨质磷酸钙中的钙置换出来，而引起骨质疏松、软化、发生变形和骨折。在一定条件下镉可以取代锌，从而干扰某些含锌酶的功能，使多种酶受到抑制，破坏正常生化反应，干扰人体正常的代谢功能，使人体体重减少。同时，进入人体中的镉，可与金属硫蛋白结合，再经血液输送到肾脏，当它在肾中积累时，会损坏肾小管，使肾功能出现障碍，从而影响维生素 D 的活性，导致骨骼生长代谢受阻，使骨骼软化、骨骼畸形、骨折等引发骨骼的各种病变，可引起骨软化症或"痛痛病"（背下部和腿部剧烈疼痛）。骨软化症患者由于骨胶原的正常代谢受到干扰，形成了不致密和不成熟的骨胶原。特别是妇女，由于妊娠、分娩、授乳而引起钙不足等，使肠道对镉的吸收率增高，易引起镉中毒。镉中毒的典型病症是肾功能受破坏，肾小管对低分子蛋白再吸收功能发生障碍，糖、蛋白质代谢紊乱，尿蛋白、尿糖增多，引发糖尿病。镉进入呼吸道可引起肺炎、肺气肿。镉进入消化系统则可引起胃肠炎。镉中毒者常伴有贫血症。镉中毒易造成流产、新生儿残废和死亡。镉中毒可能还诱发骨癌、直肠癌、食管癌和胃癌。

进入人体内的镉仅少量被吸收（如经食物摄入的镉约 6% 被吸收），其余部分随粪便排出。部分被吸收于血液中的镉与血浆蛋白结合，随血液循环选择性地储存于肾脏和肝脏，其次为脾、胰腺、甲状腺、肾上腺和睾丸。吸收后的部分镉主要经肾由尿液排出，少量随唾液、乳汁排出。钙可以拮抗镉，高钙食物会抑制消化道对镉的吸收，维生素 D 也会影响镉的吸收。

铅是最为常见的有害微量元素，存在于环境中的铅及其化合物可经呼吸而由肺、经溶解而由皮肤、经饮食而由消化道进入人体，还可由母体胎盘进入胎儿体内。

室外空气含铅的 80% 来源于汽车尾气。目前，世界各国正在相继推广使用无铅汽油，但为了抑制汽车中气门和气门导管磨损，某些"无铅汽油"，仍然含有少量铅化合物。

造血系统

造血系统是指机体内制造血液的整个系统，由造血器官和造血细胞组成。主要包括卵黄囊、肝脏、脾、肾、胸腺、淋巴结和骨髓。正常人体血细胞是在骨髓及淋巴组织内生成。造血细胞均发生于胚胎的中胚层，随胚胎发育过程，造血中心转移。

延伸阅读

人体中脏与脏之间的关系

1. 心与肺：心主血，肺主气。人体脏器组织机能活动的维持，是有赖于气血循环来输送养料。血的正常运行虽然是心所主，但必须借助于肺气的推动，而积存于肺内的宗气，要灌注到心脉，才能畅达全身。

2. 心与肝：心为血液循环的动力，肝是贮藏血液的一个重要脏器，所以心血旺盛，肝血贮藏也就充盈，既可营养筋脉，又能促进人体四肢、百骸的正常活动。如果心血亏虚，引起肝血不足，则可导致血不养筋，出现筋骨凌痛、手足拘挛、抽搐等症。又如肝郁化火，可以扰及于心，出现心烦失眠等症。

3. 心与脾：脾所运化的精微，需要借助血液的运行，才能输布于全身。而心血又必须依赖于脾所吸收和转输的水谷精微所生成。另方面，心主血，脾统血，脾的功能正常，才能统摄血液。若脾气虚弱，可导致血不循经。

4. 心与肾：心肾两脏，互相作用，互相制约，以维持生理功能的相对平衡。在生理状态下，心阳不断下降，吕阴不断上升，上下相交，阴阳相济，称为"心肾相交"。在病理情况下，若肾阴不足，不能上济于心，会引起心阳偏亢，两者失调，称"心肾不交"。

5. 肝与脾：肝藏血，脾主运化水谷精微而生血。如脾虚影响血的生成，可导致肝血不足，出现头晕、目眩、视物不清等。肝喜条达而恶抑郁，若肝气郁结，横逆犯脾，可出现腹痛、腹泻等。

6. 肝与肺：肝之经脉贯脂而上注于肺，二者有一定联系，肝气升发，肺气肃降，关系到人体气机的升降运行。若肝气上逆，肺失肃降，可见胸闷喘促。肝火犯肺，又可见胸胁痛、干咳或痰中带血等症。

7. 肝与肾：肾藏精，肝藏血，肝血需要依赖肾精的滋养，肾精又需肝血不断的补充，两者是互相依存，互相资生。肾精不足，可导致肝血亏虚。反之，肝血亏虚，又可影响肾精的生成。若肾阴不足，肝失滋养，可引起肝阴不足，导致肝阳偏亢或肝风内动的症候，如眩晕、耳鸣、震颤、麻木、抽搐等。

8. 肺与脾：脾将水谷的精气上输于肺，与肺吸入的精气相结合，而成宗气（又称肺气）。肺气的强弱与脾的运化精微有关，故脾气旺则肺气充。由脾虚影响到肺时，可见食少、懒言、便溏、咳嗽等症。临床上常用"补脾益肺"的方法去治疗。又如患慢性咳嗽，痰多稀白，容易咳出，体倦食少等症，病症虽然在肺，而病本则在于脾，必须用"健脾燥湿化痰"的方法，才能收效。所谓"肺为贮痰之器，脾为生痰之源"，这些都是体现脾与肺的关系。

9. 脾与肾：脾阳依靠肾阳的温养，才能发挥运化作用。肾阳不足，可使脾阳虚弱，运化失常，则出现黎明泄泻，食谷不化等症。反之，若脾阳虚衰，亦可导致肾阳不足，出现腰膝痠冷、水肿等。

10. 肺与肾：肺主肃降，通调水道，使水液下归于肾。肾主水液，经肾阳的蒸化，使清中之清，上归于肺，依靠脾阳的运化，共同完成水液代谢的功能。肺、脾、肾三脏，一脏功能失调，均可引起水液媚留而发生水肿。肺主呼吸，肾主纳气，两脏有协同维持人身气机出入升降的功能。

人体中酸碱度的秘密

人的体液和其他任何液体一样，都有酸碱之分。酸碱度（PH 值）是以 0—14 的数字来表示的。PH 是表示人体中 H 的浓度。数字越小，越代表酸性加强。7 是中性的，大于 7 是碱性的，数字越大表示碱性越大。人体组织的正常 PH 值应是在 7—7.4。血液的正常 PH 值是在 7.35—7.45。超过这个范围，人体就会有不适的感觉。

人体天生是弱碱性的

人体由 75 兆个细胞组成，而细胞就生存于我们的体液中。人体细胞天生在碱性的体液环境中运作，但也不断地产生酸，排出酸。细胞在运作过程中会产生酸，但这些是弱酸，是有机酸，与酸性食物产生的酸不同，它们会被分解成二氧化碳和水，由肺部排出。可是，酸性食物所产生的酸是较强的酸（硫酸、磷酸等），会威胁到人体的健康。

有充分的科学证据显示，健康人体的体液大部分是碱性的，PH 值都在 7.0 以上。人体细胞外液 PH 值的正常范围见下表：

血液	7.35 ~ 7.45
骨髓液	7.30 ~ 7.50
唾液	6.50 ~ 7.50
胃液	0.80 ~ 1.50
十二指肠液	4.20 ~ 8.20
粪便	4.60 ~ 8.40
尿液	4.80 ~ 8.40
胆汁	7.10 ~ 8.50
胰液	8.00 ~ 8.30

当然在上表也看到那些 PH 值变化较大的体液，是那些在体内滞留时间比较长的体液。这说明什么？说明细胞面对各种压力或食物不得不作出的反应。到底是什么原因，使得尿液 PH 值会出现从酸性 4.8 到碱性 8.4 的相差甚大的 PH 值指数呢？什么又是细胞出自必然的反应呢？

人体细胞在碱性的体液环境中运作，而产生弱酸。这种弱酸很容易由肺部排出，不会对人造成伤害，这就是细胞对酸的必然的反应。正如人在激烈运动时呼吸加快，气喘吁吁，就是为了加快把运动所产生的酸排出体外。

人体内酸的第二来源就是酸性食物。一般人的饮食 75% ~ 90% 都是酸性食物。有些食物好像不是酸性的，但是残留物则是酸性的。久而久之，你的身体就会偏向酸性。这些大量的酸性物质必须先经体内的缓冲系统中和，再由肾排出。在这个中和排除过程中，将会消耗大量的矿物质。如果这些酸不经中和，在经过消化道或排泄系统时就会灼伤敏感组织。譬如，有的人小便时会感到疼痛或灼热，为什么？其实这就是人体的"内在智慧"最聪明的警告：你身体内负责中和酸的矿物质已经入不敷出了，此时身体必须作出调整，才能满足生命运动的基本需要，因而也就顾不得你的疼痛感了。所以此时，你必须补充含矿物质的食物，加强碱性资源，否则，情况会更加恶化。为了加强碱性资源，最好的方式就是从食物中摄取矿物质。植物中的矿物质是有机形态的，进入体内，与机体的亲和力决定了机体对它的吸收和利用程度。而矿物质补充剂和一般的食盐，都不是补充矿物质的最好来源。

机体用来作为缓冲体系来中和酸的主要矿物质是钠，当然最好是蔬菜

弱碱体质好

水果中的钠。让我们来想象，假如将碱性资源当做家中的钱罐子：当我们使用这些钱时，如果一下子倒出来，钱罐子马上就空了；如果每天用一点儿，那么可以用长一些的日子。但是根本的问题是，我们必须要不断地将钱币放进去，否则，钱终究会使用殆尽的。

知识点

酸性食物

人类的食物可分为酸性食物和碱性食物。判断食物的酸碱性，并非根据人们的味觉、也不是根据食物溶于水中的化学性，而是根据食物进入人体后所生成的最终代谢物的酸碱性而定。酸性食物通常含有丰富的蛋白质、脂肪和糖类，含有钾、钠、钙、镁等元素，在体内代谢后生成碱性物质，能阻止血液向酸性方面变化。所以，酸味的水果，一般都为碱性食物而不是酸性食物，鸡、鱼、肉、蛋、糖等味虽不酸，但却是酸性食物。

实际上，将食物强分酸碱性是不科学的，因为人体内的生理反应非常复杂，不一定就成碱性物质或酸性物质，膳食只要平衡合理就好。

延伸阅读

人体中的循环系统

人体的循环系统，又称心血管系统，是个双泵双循环系统；一个泵为肺循环供血，另一个为体循环供血。两个泵合组成一个心脏，便于同步管理，但由血行路线来看，两泵相距很远。

肺大部血管与心脏接近等高，只要极低的血压（平均 15mmHg）就可将血液压至肺最高点。肺毛细血管内压力更低，只有 10mmHg，低于血管内血浆胶体渗透压（25mmHg），所形成的负压防止了液体渗入肺泡。由于肺的扩容性，卧位时可容纳 400ml 左右的血；但卧倒时因容血而增高肺毛细血管静压。肺具有保护作用，体静脉来的小栓子可被肺截留。肺组织有支气管动脉的双重供给，故一般小栓子不会造成梗死；肺内纤维蛋白溶解系统可很快将栓塞溶解。血管内皮表面的肽酶还可将血中的 I 型血管紧张素转化为 II 型，即可提高血压和刺激醛固酮分泌。

体循环供应路线既远又广，供应对象也复杂。体循环压力比肺循环约高 5 倍~6 倍，这样才能保证身体最高处得到充分供血。左心室断续喷出的血流，经弹性动脉的缓冲转变为脉动血流。一切毛细血管都要求连续稳定的血流，心脏本身也只有在心肌舒张时才能接受血液。但一定的脉动对某些器官也很必要，若给肾脏供应恒定血流则水钠排泄立即减少。其次，血流还要经肌性动脉的分配，根据各器官的需要供血；这些动脉的肌肉受神经的控制。最后因为各器官和心脏相对高度的差别很大，由于重力影响造成的血压差别也很大，必须分别予以不同的降压才能保证一致的毛细血管压。这是由小动脉完成的，它既受神经控制，又受局部代谢的影响。它像个闸门，控制着下游毛细血管床的血量。毛细血管是血液同组织间的交换界面，近动脉端血压高于血管内胶体渗透压故液体外流，至近静脉端前者低于后者液体乃被吸回。血液经静脉返心。静脉压力低，可容大量血液，但机体需要时又可通过交感神经刺激血管收缩把血动员出来。下肢血液回流主要依靠两种机制：周围肌肉收缩压挤静脉而静脉瓣只允许血液向心流动；吸气时胸内压降低而腹压增高，呼气时相反，形成胸腹泵机制。毛细血管有一部分蛋白质漏出，这是由淋巴系统吸回再送入静脉的。肠道淋巴系统还运输长链脂肪酸和胆固醇等脂类。淋巴回流的动力与静脉相似。

酸性体质容易生病

在弱碱性的体液环境下，细胞能正常工作，运转生命的活力。但是当体液的酸碱度超出了细胞的容忍范围，细胞的正常生理功能就难以为继，细胞机能的缺失导致了器官和组织功能的受损，器官和组织功能的损伤引发了困扰现代人的内源性疾病。体液的酸化对于细胞而言，就像把一个习惯在平原地区作业的人突然调到青藏高原工作，其工作的效能必然下降。

酸性体液会导致全体细胞活力下降，脏器功能减弱，抵抗力减弱，如果不补充碱性食品，就会疾病缠身。那是因为细胞本身有着很强的自救意识和自救能力。它们每天的重要工作就是平衡体内的酸碱度，调集身体每个地方的碱性资源（最主要的是矿物质）来中和酸性物质，以保持身体器官的正常工作。但是，这种自救能力是有限度的。酸性物质少量时，平衡的问题不大，多了，就不能完全平衡和清理，体液（包括血液）就越来越酸性化。于是，细胞活性下降，平衡与清理的能力也随之下降。若再不注意，细胞将会逐渐失去自救能力。病痛随之出现，此时已非一日之寒。

人体正常细胞需要中性、弱碱性体液，需要氧气充分的居然环境。癌细胞却需要酸性体液、氧气不足的生长环境。身体体液、血液在酸性条件下，组织一定是缺氧的。因为在酸性体液中，红细胞也同样活力低下，输送氧气的能力就下降了。血液的 PH 值下降 0.1（偏酸），输送的氧气量下降 30%。在这样的一个环境中，癌细胞就会迅速繁殖成为肿瘤。目前全世界所有的研究报告显示，癌症病人的体液都呈酸性，越到晚期，酸性越强。所以酸性体液是恶性肿瘤的温床。以糖尿病病理为例，得病时，胰脏细胞本身并没有发生病变，而是血液和体液变酸之后，胰脏细胞的生存环境产生了极大的改变，因此影响了胰岛素的效率，形成了糖尿病。日本科学家经过多年研究，得出了这样一个结论：人体的体液 pH 值每降低 0.1 个单位，胰岛素的效率就下降 30%。

现实中，酸性体质的人易患多种疾病，这是因为酸性体质者体内的激素分泌、神经调节及脏器功能都受到一定程度的抑制，并由此诱发出其他疾病。属于酸性体质的人的表现有：

1. 关节疼痛。人体在新陈代谢时会生成一些有毒的酸性废物，在不能马上排除时，这些废物堆积在体内，而各个关节就是它们最喜欢的场所。接受过多酸物废物，人体易患各种风湿病及痛风，感觉关节四肢麻木、全身酸痛或腰背痛等。

2. 皮肤问题。酸性体质的人容易出现如湿疹、青春痘、痔疮等症状，这与他们大量摄取酸性食物有关。当酸性食品摄取过多时，人体内血液的酸度增高，血液流通的速度减慢，皮肤就会出现暗哑问题。反之，碱性食品可以改善血液循环的状态，预防和治疗皮肤出现的炎症和其他皮肤疾病，防止皮肤过早粗糙和老化。

3. 精力匮乏。人体内的酸碱比例正常有利于机体对蛋白质等营养物质的吸收利用，并使体内的血液循环和免疫系统保持良好状态，人的精力也就显得较为充沛。而那些导致脾气暴躁，学习、工作精力不集中的主要原因是体内的糖、脂肪、蛋白质被大量分解，在分解过程中，产生乳酸、磷酸等酸性物质。这些酸性物质刺激人体组织器官使人感到精神疲惫。

4. 压力重重。都市人时时要面对不同的压力，这些信息透过间脑而传达脑下垂体，通过荷尔蒙的分泌再传到各器官，此时，血液中的钙离子会有所下降，血液则变成酸性化。可见，环境污染及不正确的生活及饮食习惯，使我们的体质逐渐转为酸性。

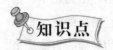 **知识点**

胰岛素

　　胰岛素是由胰岛 β 细胞受内源性或外源性物质如葡萄糖、乳糖、核糖、精氨酸、胰高血糖素等的刺激而分泌的一种蛋白质激素。胰岛素是机体内唯一降低血糖的激素，同时促进糖原、脂肪、蛋白质合成。外源性胰岛素主要用来糖尿病治疗，胰岛素注射不会有成瘾和依赖性。

　　胰岛素按来源不同可分为：

1. 动物胰岛素：从猪和牛的胰腺中提取，两者药效相同，但与人胰岛素相比，猪胰岛素中有1个氨基酸不同，牛胰岛素中有3个氨基酸不同，因而易产生抗体。

2. 半合成人胰岛素：将猪胰岛素第30位丙氨酸，置换成与人胰岛素相同的苏氨酸，即为半合成人胰岛素。

3. 生物合成人胰岛素（现阶段临床最常使用的胰岛素）：利用生物工程技术，获得的高纯度的生物合成人胰岛素，其氨基酸排列顺序及生物活性与人体本身的胰岛素完全相同。

延伸阅读

胰岛素的生理作用

胰岛素是机体内唯一降低血糖的激素，也是唯一同时促进糖原、脂肪、蛋白质合成的激素。它主要有以下生理作用：

1. 调节糖代谢

胰岛素能促进全身组织细胞对葡萄糖的摄取和利用，并抑制糖原的分解和糖原异生，因此，胰岛素有降低血糖的作用。胰岛素分泌过多时，血糖下降迅速，脑组织受影响最大，可出现惊厥、昏迷，甚至引起胰岛素休克。相反，胰岛素分泌不足或胰岛素受体缺乏常导致血糖升高；若超过肾糖阈，则糖从尿中排出，引起糖尿；同时由于血液成分中改变（含有过量的葡萄糖），亦导致高血压、冠心病和视网膜血管病等病变。胰岛素降血糖是多方面作用的结果：（1）促进肌肉、脂肪组织等处的靶细胞膜载体将血液中的葡萄糖转运入细胞。（2）通过增强磷酸二酯酶活性，从而使糖原合成酶活性增加、磷酸化酶活性降低，加速糖原合成、抑制糖原分解。（3）通过激活丙酮酸脱氢酶磷酸酶而使丙酮酸脱氢酶激活，加速丙酮酸氧化为乙酰辅酶A，加快糖的有氧氧化。（4）通过抑制羧激酶的合成以及减少糖异生的原料，抑制糖异生。（5）抑制脂肪组织内的激素敏感性脂肪酶，减缓脂肪动员，使组织利用葡萄糖增加。

2. 调节脂肪代谢

胰岛素能促进脂肪的合成与贮存，使血中游离脂肪酸减少，同时抑制脂肪的分解氧化。胰岛素缺乏可造成脂肪代谢紊乱，脂肪贮存减少，分解加强，血脂升高，久之可引起动脉硬化，进而导致心脑血管的严重疾患；与此同时，由于脂肪分解加强，生成大量酮体，出现酮症酸中毒。

3. 调节蛋白质代谢

胰岛素一方面促进细胞对氨基酸的摄取和蛋白质的合成，一方面抑制蛋白质的分解，因而有利于生长。腺垂体生长激素的促蛋白质合成作用，必须有胰岛素的存在才能表现出来。因此，对于生长来说，胰岛素也是不可缺少的激素之一。

4. 其它功能

胰岛素可促进钾离子和镁离子穿过细胞膜进入细胞内，可促进脱氧核糖核酸、核糖核酸及三磷酸腺苷的合成。

引起酸性体质的原因

研究结果显示，先天性缺陷或遗传的原因可能导致人体体液的天然偏酸，并引起上述内源性疾病，但这个比例很小；更主要的致病原因还在于人类生存内外环境的改变。而其中人们生活中的食物资源丰富以及饮食结构改变是产生内源性疾病的主要因素之一。

饮食对人体健康的核心影响就是对人体最重要的组成部分"体液"的影响，具体体现在改变体液 pH 值的，或者说是增加体液趋向酸化的压力，从而造成细胞生存的内外环境改变，不同程度影响各种的细胞正常功能，从而导致各种疾病。

在近几年，越来越多的研究表明，饮食除了为人体提供基本的营养物质外，其对人体的健康影响主要集中在对体液酸碱水平的影响。因为在常温下能够严重影响生命活动基础的生物化学反应的就只有酸碱水平，体液酸碱水平的轻微变化，就会影响到酶促反应的效率。这个效率就反映了人体清除病害的效率，当清除病害速度快过被病毒破坏的速度时，病就会被克服，健康就会恢复；相反，当清除病害速度慢过被病害破坏的速度时，病就逐渐严重，最后夺走人的生命。

需要注意的是，生理上的酸性食品和酸味食品是完全不同的概念，食物的酸碱性不是用简单的味觉来判定的，而是取决于食物中所含矿物质的种类和含量多少的比率而定。钾、钠、钙、镁、铁进入人体之后呈现的是碱性反应，磷、氯、硫进入人体之后则呈现酸性。例如柠檬汁是酸味食品，但是它却是生理上的碱性食品，因为柠檬汁富含钾元素，在被人体消化吸收和代谢后对体液的贡献呈碱性；而皮蛋是碱味食品，但却是生理上的酸性食品。一般来讲，几乎所有的蔬菜是碱性食品，水果、果仁、牛奶处于中性，谷物、油脂处于中性偏酸。按食物对体液酸碱水平趋向碱性的贡献，可以排列如下：蔬菜 > 水果、奶及奶制品 > 谷物、油脂 > 肉类。

造成酸性体质最直接的原因就是人体过多的摄入酸性食品，如肉类、家禽类、鱼类、乳制品类、谷类等，它们被消化分解后，在体内留下氯、硫、磷等酸性元素。而蔬菜、水果属碱性食物，它们被消化分解后，在体内留下钠、钾、钙、镁、铁等碱性矿物质。最简单的一个原理就是碱性食品可以中和掉酸性食物，维持人体的酸碱平衡。然而，很多蔬菜采取大棚种植，缩短了生长时间，使之不能充分吸取土壤中的养分和进行光合作用。这样，其矿物质及其它营养成分的含量大打折扣。再者，农药、化肥、生长素、保鲜剂等，也破坏了它们的营养结构，使之不能起到足够的中和酸性物质的作用。

此外，环境污染、作息不规律、恶劣情绪、运动不足及其它不良生活习惯，使得细胞居住的体内小环境也同样被污染了，导致体质变酸。

当然，不论人体的吸收和代谢多么复杂，但有一点很清楚，就是人类的代谢过程是产生酸性物质的过程，人类所有的代谢活动都依赖生命的基本

含矿物质食品

单位"细胞"将体内营养物，经氧化分解反应获得能量，同时释放出各种酸性代谢废物。随着年龄的增加，人体内环境的改变，体液变酸也是自然规律决定的。

知识点

环境污染

环境污染是指人类直接或间接地向环境排放超过其自净能力的物质或能量，从而使环境的质量降低，对人类的生存与发展、生态系统和财产造成不利影响的现象。具体包括：水污染、大气污染、噪声污染、放射性污染等。随着科学技术水平的发展和人民生活水平的提高，环境污染也在增加，特别是在发展中国家。环境污染问题越来越成为世界各个国家的共同课题之一。

延伸阅读

环境污染对人体健康的危害

人需要呼吸空气以维持生命。一个成年人每天呼吸大约2万多次，吸入空气达15立方米~20立方米。因此，被污染了的空气对人体健康有直接的影响。

大气污染物对人体的危害是多方面的，主要表现是呼吸道疾病与生理机能障碍，以及眼鼻等黏膜组织受到刺激而患病。比如，1952年12月5日~8日英国伦敦发生的煤烟雾事件死亡4 000人。人们把这个灾难的烟雾称为"杀人的烟雾"。据分析，这是因为那几天伦敦无风有雾，工厂烟囱和居民取暖排出的废气烟尘弥漫在伦敦市区经久不散，烟尘最高浓度达4.46毫克/米^3，二氧化硫的日平均浓度竟达到3.83毫升/米^3。二氧化硫经过某种化学反应，生成硫酸液沫附着在烟尘上或凝聚在雾滴上，随呼吸进入器官，使人发病或加速慢性病患者的死亡。这也就是所谓的化学污染。

大气中污染物的浓度很高时，会造成急性污染中毒，或使病状恶化，甚至在几天内夺去几千人的生命。其实，即使大气中污染物浓度不高，但人体成年累月呼吸这种污染了的空气，也会引起慢性支气管炎、支气管哮喘、肺气肿及肺癌等疾病。

▌▌▌ 保持人体酸碱度的平衡

正常状态下，人体体液的 PH 值应维持在 7.35 至 7.45 之间。如果较长时间偏离这个值就会形成酸中毒或碱中毒，使身体处于亚健康状态，甚至产生病变。

虽然我们的身体能自我调节严格控制体液酸碱度，只有在严重的病理条件下才会真正"变酸"，不过我们也要在饮食上多多注意，维持良性健康的酸碱平衡。

西方的营养学家们早在上世纪 20 年代就认识到，膳食对人体酸碱平衡存在影响。我们平时吃的肉类、蛋类、海鲜等荤食富含蛋白质，而蛋白质在体内经过消化分解后产生酸性代谢物，还有大米、土豆、酒、甜食等含有淀粉和糖的食物消化分解后产物也是酸性，因此这些食物都属于酸性食物。

蔬菜和水果，虽然很多味道是酸滋滋的，但是这些植物性食物在体内分解后成生碱性物质，所以属于碱性食物。营养学的研究表明，如果日常摄入大量的酸性食物，酸性代谢物增多，确实会影响人体的酸碱平衡。但是，我们的身体是不会因为某天多吃了一斤猪肉就轻易变酸的，因为经过各个器官的层层把关和配合，体液的 pH 值会保持在恒定范围内。可是我们的肾脏为了将大量的酸性代谢物排出，会马不停蹄的连轴转，合成更多碱性的氨（NH_3）来中和酸性代谢物，然后从尿液排出。因此长期的、大量的、单一的摄入酸性食物，会加重肾脏的负荷，并且随着年龄的增长减弱肾脏排泄酸性代谢物的能力，最终影响酸碱代谢平衡。所以，平时多吃碱性食物，也就是蔬菜和水果，对身体多有裨益。尤其是患有心血管疾病、糖尿病的老年人，更需要注意膳食搭配，因为血栓和糖尿病都有引起酸中毒的潜在危险。

虽然酸性体质对于健康是不利的，但就如同儒家讲究"水满则溢"一样，在养生方面也不能过于苛求一方，而忽略另外一方。酸性物质通常是能量物质，主要是为人体提供赖以行动的能源，因此，在工作之后，就需要及时补充酸性物质用以维持人体的正常运作。

除饮食外，近年来工业发展而引起环境污染、果菜类的农药污染、化学性加工食品等危害，也是造成人体酸性化的诱因。加上土壤的酸性化导致食物中的钙也相对缺少。此外还有一种酸性体质的原因，那就是人精神上的压力反应。从外面而来的压力，透过间脑而传到副肾和脑下垂体，以荷尔蒙分泌再传达到各器官，此时，若测定血液中的钙离子，一定会比正常值下降，也就是压力使血液中的钙离子降低，使血液变成酸性化。总之，环境污染、不正常生活及饮食习惯，使我们体质逐渐转为酸性。为保

平 衡

持体内的酸碱平衡，我们应该：

1. 保持良好的心情。情绪对体液酸性化影响很大，适量运动以及杜绝抽烟、酗酒等不良嗜好。

2. 不吃宵夜。通常晚上8点过后进食就称之为宵夜。因晚上人体活动力低，且大部分处于休息状态，因此食物留在肠子里会变酸、发酵、产生毒素，使体质变酸。

3. 要吃早餐。人体在凌晨4:30体温达到最低点，血循会变慢，如果睡太晚再加上不吃早餐，血液循环变慢，氧气减少，形成缺氧性燃烧，会使体质变酸。

4. 调整饮食结构。如果体质偏酸性，可多食用碱性食物，例如糙米、蔬菜、水果，另外海藻类食品也是很好的选择。

我们日常摄取的食物可大致分为酸性食物和碱性食物。从营养的角度

看，酸性食物和碱性食物的合理搭配是身体健康的保障。

科学研究认为，人体细胞处于最佳运作状态时的体液平均酸碱度应该是7.4，属于弱碱性的体液环境。人体细胞在这样一个弱碱性的环境中最具备活力和最有生命力，新陈代谢最旺盛。

知识点

淀　粉

淀粉是葡萄糖的高聚体，水解到二糖阶段为麦芽糖，完全水解后得到葡萄糖。淀粉有直链淀粉和支链淀粉两类。淀粉是植物体中贮存的养分，贮存在种子和块茎中，各类植物中的淀粉含量都较高。

工业上用于制糊精、麦芽糖、葡萄糖、酒精等，也用于调制印花浆、纺织品的上浆、纸张的上胶、药物片剂的压制等。可由玉米、甘薯、野生橡子和葛根等含淀粉的物质中提取而得。

延伸阅读

血液是运输物质的载体

许多代谢物质（营养素、代谢产物）、调节物质（激素）、防御物质（免疫球蛋白）等，它们都是经血液再转移到组织中去发挥作用。白细胞也属于此类。局限在血管内发挥作用的大多是运输工具本身，如红细胞（输氧）和各种运输蛋白质，后者包括脂蛋白、皮质素转运蛋白、转铁蛋白等。血小板、凝血因子和纤维蛋白溶解系统也在血管中发挥作用。血中离子是细胞外液共有的，但血浆白蛋白局限在血管中，可以认为它的功能是输水；在毛细血管近静脉端就是依靠它的渗透压将水分回收。

一般毛细血管内皮似乎只是个被动的过滤器，不使血细胞和大部分血浆白蛋白漏入组织液。但某些部位的内皮具特殊转运功能，如淋巴组织小静脉中的高内皮（细胞呈立方形）可转运淋巴细胞进入血流。脑组织中毛细血管内皮间有紧密连结，液体必须经细胞体才能跨越界面，这里也存在主动转运机制从而保证了脑组织中的细胞外液同一般细胞外液不同。脑组织细胞外液通过室管膜同脑脊液基本相通，可视为一体。脑脊液则靠脑室脉络丛上皮（血脑脊液屏障）同血液相隔。这样就为神经细胞和胶质细胞创造了一个特殊微环境，其中的离子、神经递质和营养素的浓度适宜神经活动。这个微环境还有一个特点，其中缺乏免疫活性细胞和物质。脑脊液只起一部分淋巴系统作用，清除其中颗粒物质。一般情况下，青霉素因脂溶性低且又与血浆白蛋白结合故不易进入脑组织，但在脑膜炎时这些屏障通透性增加，青霉素反倒能大量进入脑脊液并发挥治疗作用。

■■■ 正确认识食物的酸碱性

怎样的饮食才是最健康的呢？所谓营养好，并不是总吃大鱼大肉，也不是老吃山珍海味，而是指的要合理营养。合理营养就要做到几个平衡：七大营养素的平衡；动物性食物与植物性食物的平衡；一日三餐的平衡；酸性食物与碱性食物的平衡等等。这里重点说说食物的酸碱平衡与人体健康。饮食生活中，要注意食物的酸碱平衡才是最健康的。

对于食物的酸碱平衡问题，我们每天从外界摄取的食物中，有些是属于酸性的，有些是属于碱性的。当然，食物的酸碱属性不是指人们味觉上的概念，不能凭口感，而是指生理上的概念，即它在人体内新陈代谢过程中所产生的代谢产物的性质。人体内所含酸碱度是用 PH 值来表示的。营养专家说，健康人体内的 PH 值在 7.35－7.45 之间，也即人体体液的 PH 恒定现象——呈弱碱性，才能保持正常的生理功能和物质代谢。一般来讲，PH 值高于 7.45，称为碱中毒；低于 7.35，称为酸中毒。经调查发现，随着人们生活水平的提高，因为吃肉、蛋、鱼、动物脂肪和植物油等增多，许多人呈酸性体质，体液的 PH 值经常徘徊在 7.35 左右或偏低，身体处在健康与疾病之间的亚健康状态。体质的不同对于食物的酸碱度摄入也是不同的。

对于酸性体质的人，如何做到饮食酸碱平衡呢？酸性体质的人常常会感到身体乏力，记忆力减退，注意力不集中，腰酸背疼，常出现腹泻或便秘，到医院检查则查不出什么毛病。但长期处于酸性体质环境中，就会出现缺钙、血液色泽加深、黏度增大。女性的皮肤会过早黯淡或衰老；儿童会出现发育不良、食欲不振、注意力难以集中等现象；中老年人则易出现神经疼痛、血压增高、动脉硬化、胃溃疡、神经衰弱、便秘、骨质疏松、糖尿病、高血脂等症状。癌症患者中更高达85%是酸性体质。如今，既然多数人是酸性体质，那么想调节自身的酸碱度，除了多活动筋骨、规律生活、调节心理、远离嗜烟嗜酒等不良生活习惯外，最重要的就是注意科学营养，做到饮食结构合理，也就是要保持自己的血液呈弱碱性，注意在食物搭配上的科学合理。根据体质做到饮食的酸碱平衡，调节合理的生活。

根据食物本身所含元素成分的多少，可分为碱性食物、酸性食物、中性食物。大致上，酸性食物就是牛奶以外的动物性食品。碱性食物除了五谷杂粮外的植物性食品。中性食物为食用油、盐、咖啡等。

1. 酸性食物。含硫、磷、氯等矿物质较多的食物，在体内的最终代谢产物常呈酸性，如肉、蛋鱼等动物食品及豆类和谷类等。与呈碱性食物适当搭配，有助于维持体内酸碱平衡。

2. 碱性食物。含钾、钠、钙、镁等矿物质较多的食物，在体内的最终的代谢产物常呈碱性，如蔬菜、水果、乳类、大豆和菌类食物等。与呈酸食物适当搭配，有助于维持体内酸碱平衡。

采 茶

强酸性食品：牛肉、猪肉、鸡肉、金枪鱼、牡蛎、比目鱼、奶酪、米、麦、面包、酒类、花生、核桃、薄肠、糖、饼干、白糖、啤酒等。

弱酸性食品：火腿、鸡蛋、龙虾、章鱼、鱿鱼、荞麦、奶油、豌豆、鳗鱼、河鱼、巧克力、葱、空心粉、炸豆腐等。

强碱性食品：恰玛古、茶、白菜、柿子、黄瓜、胡萝卜、菠菜、卷心菜、生菜、芋头、海带、柑橘类、无花果、西瓜、葡萄、葡萄干、板栗、咖啡、葡萄酒等等。

弱碱性食品：豆腐、豌豆、大豆、绿豆、竹笋、马铃薯、香菇、蘑菇、油菜、南瓜、芹菜、番薯、莲藕、洋葱、茄子、萝卜、牛奶、苹果、梨、香蕉、樱桃等等。

还有一些食物因吃起来酸，人们就错误地把它们当成了酸性食物，如山楂、西红柿、醋等，其实这些东西正是典型的碱性食物。某些干果（椰子、杏、栗）产生碱性成分，而其它（如花生、核桃）产生酸性成分。玉米和小扁豆则是呈酸性食品。

茶

茶属于山茶科，为常绿灌木或小乔木植物，植株高达1米－6米。茶树喜欢湿润的气候，在我国长江流域以南地区有广泛栽培。茶树叶子制成茶叶，泡水后使用，有强心、利尿的功效。茶树种植3年就可以采叶子。一般清明前后采摘长出4个－5个叶的嫩芽，用这种嫩芽制作的茶叶质量非常好，属于茶中的珍品。

茶叶作为一种著名的保健饮品，它是古代中国南方人对中国饮食文化的贡献，也是中国人民对世界饮食文化的贡献。三皇五帝时代的神农有以茶解毒的故事流传。

延伸阅读

我国十大名茶

1. 西湖龙井，产于浙江省杭州市西湖周围的群山之中。杭州不仅以西湖闻名国内外，也以西湖龙井茶誉满全球。

2. 洞庭碧螺春茶，产于江苏省苏州市太湖洞庭山。碧螺春茶条索纤细，卷曲成螺，满披茸毛，色泽碧绿。

3. 黄山毛峰茶，产于安徽省太平县以南，歙县以北的黄山。茶芽格外肥壮，柔软细嫩，叶片肥厚，经久耐泡，香气馥郁，滋味醇甜，成为茶中的上品。

4. 庐山云雾茶，产于江西省九江市庐山。庐山云雾茶色泽翠绿，香如幽兰，味浓醇鲜爽，芽叶肥嫩显白亮。

5. 安溪铁观音茶，产于福建省安溪县。安溪铁观音茶历史悠久，素有茶王之称。"砂绿起霜"成为铁观音高品级的标志，获得了"绿叶红镶边，七泡有余香"的美誉。

6. 君山银叶是中国著名黄茶之一。君山，为湖南岳阳县洞庭湖中岛屿。清代，君山茶分为"尖茶"、"茸茶"两种。"尖茶"如茶剑，白毛茸然，纳为贡茶，素称"贡尖"。

7. 六安瓜片（又称片茶），为绿茶特种茶类。采自当地特有品种，经扳片、剔去嫩芽及茶梗，通过独特的传统加工工艺制成的形似瓜子的片形茶叶。制作过程十分考究。岳西翠兰品质的突出特点在"三绿"，即干茶色泽翠绿、汤色碧绿、叶底嫩绿。明代张源《茶录》云："造时精，藏时燥，泡时洁。精、燥、洁，茶道尽矣。"茶是圣洁之物，茶艺器具必须至清至洁。

8. 信阳毛尖是中国著名毛尖茶，河南省著名特产之一，产自河南省信阳地区的群山之中。信阳是中国南北方的分水岭，桐柏山、鸡公山、大别山群山环绕其中，信阳毛尖素来以"细、圆、光、直、多白毫、香高、味浓、汤色绿"的独特风格而饮誉中外。

9. 武夷岩茶产于中国福建省武夷山市。外形条索肥壮、紧结、匀整，带扭曲条形，俗称"蜻蜓头"，叶背起蛙皮状砂粒，俗称"蛤蟆背"。

10. 祁门红茶。著名红茶精品，简称祁红，产于中国安徽省西南部黄山支脉区的祁门县一带。祁红外形条索紧细匀整，锋苗秀丽，色泽乌润，俗称"宝光"。

体质变酸其实挺难

　　睡眠不好、脸上长痘、头疼脑热、便秘腹泻……谁都难免这些"小痒"的困扰，上网一查，貌似权威的资料会告诉你，这些都是"酸性体质"的典型症状，你甚至会看到"据统计国内70%的人都是酸性体质"一类惊人数据。于是惴惴不安，担忧自己是不是也属于这70%中的一份子，不禁留意起铺天盖地的"碱性保健品"，恨不得买来赶紧中和自己体内的酸，将自己打造成健康的"碱性体质"。

　　暂且打住，小心掉进商家大忽悠的陷阱，人体的酸碱平衡复杂着呢！况且，有没有"酸性体质"都是问题。

　　人体生命活动的基本单位是细胞，一个成年人的身体大概由几十万亿个细胞组成。这些细胞生存于体液（主要为血液、组织液和淋巴液）中，体液正常的酸碱平衡是细胞维持正常功能必不可少的。细胞在新陈代谢过程中会产生大量的酸性物质，如乳酸、二氧化碳等，同时产生少量的碱性物质。虽然这些代谢产物酸多碱少，但机体具有强大精密的调节体系来维持体液酸碱度平衡。

　　每个人要知道自己的身体是酸是碱，就要弄清自己的pH值。通常用pH值来衡量体液的酸碱度。pH值是溶液中氢离子浓度指数的数值，一般在0~14之间，当pH值为7时溶液为中性，小于7时为酸性，值越小，酸性越强；大于7时呈碱性，值越大，碱性越强。人体在正常生理状态下，血液的pH值精确保持在7.35~7.45之间，为弱碱性。这个pH值是人体细胞完成生理功能的最佳酸碱度，少一分或者多一分都不行。人体酸碱平衡非常重要，如果人体血液pH值低于7.35，会发生酸中毒，而pH值高于7.45则是碱中毒。无论酸中毒或者碱中毒，严重时会有生命危险。那么我们是不是应该定期检测自己身体的pH值，防止出现酸碱失衡呢？

　　其实，我们的身体有着精巧复杂的设计，从消化系统到排泄系统，再到呼吸系统都精密地控制着酸碱平衡，变酸可不是容易的事。就拿最先参与酸碱平衡调节的器官小肠来说，虽然它并不直接产生酸或者碱，但可以根据食物的成分来调节对胰液中碱的再吸收，从而来调节血液中碱的浓度。小肠还可以通过调节对食物中碱离子（例如镁、钙、钾等）的吸收来维持酸碱平衡。大肠也能调节对含硫氨基酸以及有机酸的吸收，一般含硫氨基酸和有机酸由消化系统进入肝脏等器官，经过代谢反应后生成氢离子（酸）或者碱离子，并释放到血液中。

但是我们的血液面对从肝脏涌来的大量酸和碱毫不惧色，因为血液中含有碳酸氢盐、磷酸盐、血浆蛋白、血红蛋白和氧合血红蛋白等几大缓冲系统，这些酸和碱也无法兴风作浪引起血液 pH 值的急剧变化。当血液带着代谢产物经过肾脏时，肾会像一个小泵将酸性物质排出，并回吸碱性物质，同时还不断控制和调整酸性和碱性物质排出量的比例，以保持机体 pH 值恒定。另外，我们吃进去的糖、脂肪和蛋白质经过体内代谢反应后的最终产物之一为二氧化碳，能与水结合生成碳酸，这是体内产生最多的酸性物质；因此我们的肺也没闲着，不断的排出二氧化碳，它是调节酸碱平衡效率最高的器官。

由此看来，在正常生理状态下，人体酸碱失衡并不容易发生。有人却宣称"超过 70% 的人体质正在酸化，其体液 pH 值都在 7.35 以下，这些人均处于亚健康状态，经常会感觉头昏头疼、耳鸣健忘、睡眠不实、皮肤无光泽、情绪波动大、腰酸腿痛、四肢无力、腹泻便秘等症状"。事实上，一旦体液 pH 值低于 7.35，已经属于酸中毒了，意味着患上非常严重的疾病。酸中毒早期常表现为食欲不振、恶心、呕吐、腹痛等症状，进一步发展可表现为嗜睡、烦躁不安、精神不振，以致昏迷死亡。如果你真的属于所谓的"酸性体质"，最正确的选择是赶紧上医院，找大夫进行专业治疗。

酸中毒一般是某种疾病的并发症，病因也复杂多样。比如代谢性酸中毒可由腹膜炎、休克、高热、腹泻、肠瘘、急性肾功能衰竭等引起，而呼吸性酸中毒则可由脑膜炎、血栓、脊髓灰质炎、支气管哮喘以及广泛性肺疾病引起，另外糖尿病酮症酸中毒是一种比较常见的糖尿病急性代谢并发症。如果你没有这些严重的疾病，不用担心自己是"酸性体质"，更没必要天天举着"家用人体酸碱仪"来自检。按照国际常规，检测体液酸碱度主要从静脉血、尿液、体内碱贮备和二氧化碳结合率等四个方面进行测试，显然这些专业检测不是简单的家用仪器能完成的。

　　还有一种离谱的说法，认为"酸性体质"是肿瘤的根源。科学家的研究发现，实体肿瘤周围微环境的 pH 值的确比正常组织和器官要低。这是因为肿瘤细胞比正常细胞生长快，而在肿瘤组织中血管的供应往往跟不上肿瘤细胞快速扩增的脚步，供应的氧气和养料不足。肿瘤细胞总是处于缺氧和缺养料的微环境中生长，新陈代谢过程也与正常细胞不同，生成了更多的乳酸等酸性代谢产物，使得肿瘤组织周边的组织液 pH 值降低。然而，在肿瘤细胞内部的 pH 值却是与正常细胞相同的。需要指出的是，实体肿瘤对体液酸碱度的影响只局限于肿瘤组织周边的微环境，目前尚无科学证据表明实体肿瘤会导致整个身体的体液都"变酸"。

　　有医学报道，曾有淋巴瘤患者发生严重的乳酸中毒并发症，但这在癌症患者中也是非常罕见的。因此，"酸性体质"并不是诱发肿瘤的"恶因"，而是因为肿瘤的生长而导致微环境变酸，或者导致罕见的酸中毒并发症。不过，发现了肿瘤细胞嗜酸的特性，为肿瘤的治疗提供了新思路。科学家们正在研制能杀死肿瘤细胞的碱性药剂。

知识点

睡　眠

　　高等脊椎动物周期性出现的一种自发的和可逆的静息状态，表现为机体对外界刺激的反应性降低和意识的暂时中断。人的一生大约有 1/3 的时间是在睡眠中度过的。当人们处于睡眠状态中时，可以使人们的大脑和身体得到休息、休整和恢复。有助于人们日常的工作和学习。科学提高睡眠质量，是人们正常工作学习生活的保障。

　　世界卫生组织调查显示，全球约有 29% 的人存在各种睡眠问题，我国居民睡眠障碍的患病率高达 42.7%。好睡眠俨然成为现代都市生活的"奢侈品"。那么如何提高睡眠质量呢？中国空气负离子暨臭氧研究学会专家介绍，存在于大自然空气中的负离子，对自主神经高级中枢及植物神经系统具有良好的调节作用，从而改善大脑皮层功能，促进睡眠。

延伸阅读

如何提高睡眠质量

据统计，人在一生中有 1/3 的时间是在睡眠中度过的。睡眠可以使人的大脑和身体得到充分的休息。可以说，睡眠与人的健康息息相关。许多人都认为睡眠的时间越长对人体的好处就越多。其实不然。一般来说，一个健康的成年人每天保证 7 个小时左右的睡眠就足够了。而且人与人之间存在着个体差异，每个人所需要的睡眠时间也有所区别。判断一个人睡眠的好坏，不能单看其睡眠的时间，还应看其睡眠的质量。过长时间的睡眠会给人体带来损害。长期失眠则会导致肥胖、焦虑、抑郁、注意力不集中、记忆障碍等问题，甚至引发心脏病、糖尿病和中风等疾病。要想有高质量的睡眠，请注意以下几个因素。

睡眠的环境。睡眠的好坏，与睡眠环境关系密切。在 15℃ 至 24℃ 的温度中，可获得安睡。冬季关门闭窗后吸烟留下的烟雾，以及逸漏的燃烧不全的煤气，也会使人不能安睡。最新研究表明，富含负离子的空气环境对睡眠有非常好的帮助，负离子可以有效调节大脑植物神经系统，改善大脑皮层功能，对治疗失眠有很好的效果。

生物钟。如果每天准时起床，定时置身早晨的日光之中，那么生物钟就会准时地运转，这是提高睡眠质量的关键之一。

体温。与光照有关的体温波动也影响人的生体规律。当体温下降以后，睡意随即来临。体温调节失控时睡眠会发生紊乱。睡前最好洗个澡，或做 20 分钟的有氧运动，临睡时体温会有所下降。某些人大量摄入咖啡、巧克力、可乐和茶后，主观上没有睡眠不良的感觉，但实验证实，他们的深度睡眠均受到影响。酒精虽能助眠，但代谢过处程中它会释放一种天然的兴奋剂，破坏下半夜睡眠。

噪音。人往往置身于某种噪声中，时间一长便习惯了这种环境，但深度睡眠的时间也因此减少，所以应尽量避免噪音的干扰。

另外，对于容易失眠的人来说，应在有睡意时才上床，早早上床的只会加重心理压力。有时晚睡早起和减少睡眠时间，反而有利于提高睡眠质量。

人体中重要的有机营养

>>>>>

为了维持生命与健康，除了阳光与空气外，人类还必须摄取一些必要的营养物质。这些营养物质主要包括糖类、脂类、蛋白质、维生素、水等，它们和通过呼吸进入人体的氧气一起，经过新陈代谢过程，转化为构成人体的物质和维持生命活动的能量。所以，它们是维持人体的物质组成和生理机能不可缺少的要素，也是生命活动的物质基础。

维持生命的七大营养素

人体需要的营养素有七大类：矿物质、脂类、蛋白质、维生素、碳水化合物、水和膳食纤维。七种营养素在人体可以发挥三方面的生理作用：其一是作为能源物质，供给人体所需要的能量（主要是蛋白质、碳水化合物和脂类）；其二是作为人体"建筑"材料，供给人体所需要的能量，主要有蛋白质；其三是作为调节物质，调节人体的生理功能，主要有维生素、矿物质和膳食纤维等。这些营养素分布于各种食物之中，只要不挑食，就可以得到。

1. 蛋白质

蛋白质是由氨基酸组成的具有一定构架的高分子化合物，是与生命、生命活动紧密联系在一起的物质。它的作用如下：

（1）构成组织和细胞的重要成分，其含量约占人体总固体量的45%；

（2）用于更新和修补组织细胞，并参与物质代谢及生理功能的调控；

（3）提供能量。人体每天所需热能大约有10%～15%来自蛋白质。

2. 脂类

脂类是脂肪及类脂的总称，是机体的重要组成成分。脂肪是脂肪酸及甘油的化合物。富含脂肪的食物有动物油和植物油。类脂主要有磷脂、糖脂、胆固醇及胆固醇酯等。它的作用如下：

香　蕉

（1）氧化提供能量；

（2）某些荷尔蒙（激素）的合成前体；

（3）促进脂溶性营养素的吸收。

类脂的作用是：

（1）类脂的主要生理功能是作为细胞膜结构的基本原料；

（2）用于激素的合成。

3. 碳水化合物

碳水化合物是由碳、氢、氧三种元素组成的物质，此类化合物的分子式中氢和氧的比恰好是2:1，看起来像是碳和水的化合，故称碳水化合物。它的作用如下：

（1）供能。人体所需能量的70%左右由碳水化合物氧化分解供应；

（2）组织细胞的重要组成成分；

（3）与蛋白、脂类等形成活性成分。

4. 维生素

维生素又名维他命，是维持人体生命活动必需的一类有机物质，也是保持人体健康的重要活性物质。分为水溶性和脂溶性两大类。它的作用是多种酶的活性成分，参与物质和能量代谢。

5. 矿物质

矿物质又叫无机盐或灰分。人体需要的矿物质分两大类——常量元素和微量元素。它的作用如下：

（1）矿物质是构成机体组织的重要材料；

（2）调节体液平衡；

（3）维持机体酸碱平衡；

（4）酶系统的活化剂。

6. 水

水是地球上最常见的物质之一，是包括人类在内所有生命生存的重要资源，也是生物体最重要的组成部分。水在生命演化中起到了重要的作用。水是一切生命所必需的物质，是饮食中的基本成分，在生命活动中有重要生理功能：

干净的水

（1）人体构造的主要成分，水占成人体重的50%～60%；

（2）营养物质的溶剂和运输的载体；

（3）调节体温和润滑组织。

7. 膳食纤维

膳食纤维是指能抗人体小肠消化吸收，而在人体大肠能部分或全部发酵的可食用的植物性成分、碳水化合物及其相类似物质的总和，包括多糖、寡糖、木质素以及相关的植物物质。膳食纤维具有润肠通便、调节控制血糖浓度、降血脂等一种或多种生理功能。此外，它还有如下作用：

(1) 改善肠道功能；

(2) 调节脂类代谢；

(3) 调节糖类代谢；

(4) 调节酸碱体质；

(5) 帮助控制体重。

营养素

营养素是指食物中可给人体提供能量、机体构成成分和组织修复以及生理调节功能的化学成分。凡是能维持人体健康以及提供生长、发育和劳动所需要的各种物质均称为营养素。现代医学研究表明，人体所需的营养素不下百种，其中一些可由自身合成、制造，但无法自身合成、制造必须有外界摄取的约有40余种，精细分后，可概括七大营养素：人体所必需的营养素有蛋白质、脂肪、糖、无机盐（矿物质）、维生素、水和纤维素等7类。

蔬菜有丰富营养价值

红色胡萝卜比黄色胡萝卜营养价值高，其中除含大量胡萝卜素外，还含有强烈抑癌作用的黄碱素，有预防癌症的功能作用。科学家还发现，同一株菜的不同部位，由于颜色不同，其营养价值也不同。

大葱的葱绿部分比葱白部分营养价值要高得多，每100克葱白维生素

B_1及维生素C的含量也不及葱绿部分的一半。颜色较绿的芹菜叶比颜色较浅的芹菜叶和茎含的胡萝卜素多6倍、维生素D多4倍。另外由于每种蔬菜所含营养素种类和数量各异，而人体的营养需要又是多方面的。在选用蔬菜时除了要注意蔬菜的颜色深浅外，还应考虑多种蔬菜搭配及蔬菜和肉食混吃。

每一种青菜的营养素含量都会有些不同：颜色深的蔬菜比色浅的营养价值高，它们的排列顺序是绿色、红紫色、黄色、白色。绿色蔬菜有芥菜、油菜、青菜、苋菜、菠菜、芹菜等；红紫色蔬菜有紫甘蓝、红菜苔、紫扁豆、茄子等；黄色蔬菜有西红柿、胡萝卜、红薯、卷心菜等；白色蔬菜包括冬瓜、甜瓜、竹笋、茭白和菜花等。绿色蔬菜中含有丰富的叶绿素、胡萝卜素、维生素B_1、维生素B_2、维生素B_{12}、维生素C以及钙、钾等；白色蔬菜主要含糖类和水分，营养价值远逊于前者。黄色（包括红色）蔬菜则介于两者之间。在同一种蔬菜中，颜色不同，其营养成分含量也不同。如紫色茄子比白色的营养价值高，红色胡萝卜比黄色的营养价值高。

颜色深的蔬菜往往含有较多的生物活性物质，具有较强的抗氧化能力。水果中含丰富的有机酸和多种消化酶类，能帮助消化，促进食欲，增强肠胃蠕动，有利于排便、降低胆固醇。

提供给人体能量的糖

人的生存需要能量，包括维持人体生物化学反应所需的化学能，保证这些反应能正常进行的人体环境所需的热能以及我们日常的劳动、体育活动等所消耗的能量。国际卫生组织规定，人均日摄取热量应为1万千焦（等于2 400千卡）。这些能量是从哪里获得的？

糖类是自然界分布最广的有机物，是生物体的重要成分。糖类约占人体干重的2%，生命活动70%的能量来自于糖类。人体主要的糖类是糖原和葡萄糖。葡萄糖是主要供能形式和运输形式，而糖原是糖类的贮存形式，以肝糖原和肌糖原含量最多。动物、植物和微生物都需要从淀粉、糖原或葡萄糖等氧化分解中获得生存所需的能量。1克葡萄糖彻底氧化大约产生

17千焦的能量。目前已知的葡萄糖在细胞内的分解主要有3条途径，即糖酵解、三羧酸循环和磷酸戊糖途径。此外，还有许多涉及其他类型糖的分解机制或途径，它们与上述3条途径都有密切的联系。

按照组成糖类成分的糖基个数，可将糖类分为单糖、低聚糖和多糖3类。

1. 单糖

单糖类通式（CH_2O）n，是具有多羟基的醛（醛糖类）或酮（酮糖类）。现已发现的天然单糖有200多种，$n=3\sim8$，而以五碳（戊糖）、六碳（己糖）单糖最多见。大多数单糖在生物体内呈结合状态，仅葡萄糖、果糖等少数单糖呈游离状态存在。

单糖多呈结晶状态，有甜味，易溶于水，可溶于稀醇，难溶于高浓度乙醇，不溶于乙醚、氯仿和苯等低极性溶剂，具旋光性和还原性。

2. 低聚糖类

低聚糖类由2个～9个单糖分子聚合而成。目前仅发现由2个～5个单糖分子组成的低聚糖，分别称为双糖（如蔗糖、麦芽糖）、三糖（如龙胆三糖、甘露三糖）、四糖（如水苏糖）、五糖（如毛蕊糖）等。在植物体内分布最广又呈游离状态的低聚糖是蔗糖。

甘蔗林

低聚糖大多由不同的糖聚合而成，也可由相同的单糖聚合而成，如麦芽糖、海藻糖。低聚糖与单糖类似，为结晶体，部分糖有甜味。易溶于水，难溶或不溶于有机溶剂。易被酶或酸水解成单糖而具旋光性。当分子中有游离醛基或酮基时，具有还原性，如麦芽糖、乳糖；当分子中没有游离醛基或酮基时，不具有还原性，如蔗糖、龙胆三糖。

3. 多（聚）糖类

茯苓中含丰富的多聚糖类，多（聚）糖类由 10 个以上单糖分子聚合而成，通常由几百甚至几千个单糖分子组成。由 1 种单糖组成的多糖，称为均多糖，通式为 $(CnH_2n^{-2}On^{-1})\ x$，x 可至数千。由 2 种以上不同的单糖组成的多糖，称杂多糖。在多糖结构中除单糖外，还含有糖醛酸、去氧糖、氨基糖与糖醇等，且可有别的取代基。

多糖按功能可分为两类，一类是不溶于水的动植物的支持组织，如植物中的纤维素，甲壳类动物中的甲壳素等。一类是动植物的储藏养料，可溶于热水形成胶状溶液。随着科学技术的发展，不少多糖的生物活性被发掘并用于临床，如刺五加多糖、灵芝多糖、黄精多糖、黄芪多糖都可促进人体的免疫功能，香菇多糖具抗癌活性，鹿茸多糖可抗溃疡等。

多糖性质已大大不同于单糖，大多为无定形化合物，无甜味和还原性，难溶于水，在水中溶解度随分子量增大而降低，多糖被酶或酸水解，可产生代聚糖或单糖。

常见的多糖化合物有以下几种：

（1）淀粉为葡萄糖的高聚物，通式为 $(C_6H_{10}O_5)_n$。淀粉是植物体内贮藏的营养物质，具有一定的形态，通常为白色颗粒状粉末，不溶于冷水、乙醇及有机溶剂，在热水中形成胶体溶液，可被稀酸水解成葡萄糖，也可被淀粉酶水解成麦芽糖。

按淀粉的结构可分为 2 类：①胶淀粉，又称淀粉精，位于淀粉粒外周，约占淀粉的 80%。胶淀粉为支链淀粉，由 1000 个以上 D - 葡萄吡喃糖以 a^{-1}，4 连接，并带有 a^{-1}，6 连接的支链，分子量 5 万 ~ 10 万，在热水中膨胀成黏胶状，遇碘液呈紫色或红紫色。②糖淀粉，又称淀粉糖，位于淀粉粒中央，约占淀粉的菊糖 20%。糖淀粉为直链淀粉，由约 300 个 D - 葡萄吡喃糖以 a^{-1}，4 连接而成，分子量 1 万 ~ 5 万，可溶于热水，遇碘液显深蓝色。淀粉通常无明显的药理作用，大量用做制取葡萄糖的原料，在制剂中常作为赋形剂、润滑剂或保护剂。淀粉粒的形态结构是生药显微鉴定的特征之一。

淀粉常用碘液反应来鉴定，即淀粉遇碘液呈蓝紫色，加热后蓝色消失，冷却后蓝紫色复现。

（2）菊糖为约 35 个果糖以 b^{-2}，1 连接而成，最后接葡萄糖。这种果聚糖广泛分布于菊科和桔梗科植物中。菊糖溶解于细胞液中，遇乙醇可形成球状结晶析出。能溶于热水，微溶或不溶于冷水，不溶于有机溶剂，遇碘液不显色。常用于肾功能检查。菊糖的形态结构可作为生药显微鉴定的特征之一。

（3）树胶为高等植物干枝受伤或受菌类侵袭后自伤口渗出的分泌物，在空气中干燥后形成半透明的无定形固体。树胶的形成是由于细胞壁、细胞内含物质受酶的作用分解变质（树胶化）所致。主要分布于蔷薇科、豆科、芸香科与梧桐科等多种植物。

树胶是一种有分支结构的杂多糖，水解后产生 L - 阿拉伯糖、L - 鼠李糖、D - 葡萄糖醛酸等。糖醛酸常与钙、镁、钾结合成盐。树胶在水中膨胀成胶体溶液，不溶于有机溶剂，与醋酸铅或碱式醋酸铅溶液产生沉淀。

常用的树胶有阿拉伯胶、西黄芪胶、杏胶、桃胶等，主要用做制剂的赋形剂、混悬剂、黏合剂和乳化剂。

（4）黏液质为存在于种子、果实、根、茎的黏液细胞和海藻中的一类黏多糖，是保持植物水分的基本物质，是植物正常的生理产物。如车前子胶是车前种子中的黏液质。

黏液质的组成与树胶相似，多为无定形固体。在热水中形成胶体溶液，冷后成冻状，不溶于有机溶剂，可与醋酸铅溶液产生沉淀。

（5）黏胶质为高等植物细胞间质的构成物质。如果胶是由 D - 半乳糖醛酸 a^{-1}，4 连接而成的直链化合物，具止泻作用。

（6）纤维素与半纤维素，纤维素为 b^{-1}，4 相连的直链葡聚糖，半纤维素为酸性多糖，它们与木质素共同组成细胞壁。

（7）动物多糖。

①肝糖原：是动物的贮藏养料，存在于肌肉与肝脏中。其结构与胶淀粉相似，遇碘液呈红褐色。

②甲壳素：是组成甲壳类昆虫外壳的多糖。其结构与纤维素类似，不溶于水，对稀酸和碱都很稳定。甲壳素的水解产物葡萄糖胺是重要的合成原料。

③肝素：主要存在于肝与肺中，为高度硫酸酯化的左旋多糖。有很强的抗凝血作用，用于防治血栓形成。

④硫酸软骨素：为动物组织的基础物质，用以保持组织的水分和弹性，也是软骨的主要成分。它与肝素相似，在动物体内与蛋白质结合而存在。具有降低血脂活性。

⑤透明质酸：为酸性黏多糖，存在于眼球玻璃体、关节液、皮肤等组织中作为润滑剂，并能阻止微生物的入侵。

微生物

　　微生物是包括细菌、病毒、真菌以及一些小型的原生动物、显微藻类等在内的一大类生物群体，它个体微小，却与人类生活关系密切。涵盖了有益有害的众多种类，广泛涉及健康、食品、医药、工农业、环保等诸多领域.

　　目前世界上已知最小的微生物是支原体，过去也译成"霉形体"，它是一类介于细菌和病毒之间的单细胞微生物。地球上已知的能独立生活的最小微生物，大小约为100纳米。支原体一般都是寄生生物，其中最有名的当属肺炎支原体，它能引起哺乳动物特别是牛的呼吸器官发生严重病变。

含矿物质丰富的食物

1. 紫菜补镁。镁元素是增强记忆力的养分，还有保护心脏的作用，对于减少中老年人心脏病的发病率大有裨益。含镁的食物以紫菜为最佳来源。每100克紫菜内含镁量高达460毫克之多，而成人一天的生理需求量也不过 300 毫克左右。故每天只需吃 100 克紫菜，获取的镁便绰绰有余。

2. 蔬菜补钙。据营养学家测定，绿色蔬菜的含钙量很高，如 100 克萝卜叶含钙 190 毫克，100 克菠菜含钙 120 毫克，而且吸收与利用率也高，胆固醇又较少。每天吃 500 克这类蔬菜，便可以补足人体所需的钙。

3. 饮茶补锰。锰元素的生理作用丝毫不逊于锌、铁等矿物质。麦麸、菠菜等素食中含锰虽多但人的吸收率低，动物肝、肾、鱼类等荤食中锰的吸收率虽高但含量又较少。比较起来，茶叶颇有优势，1 杯浓茶含锰高达 1 毫克，每天喝上 3 杯，加上其他食物中的锰，达标绝对不成问题。

4. 猪肝补铜。据营养学报告，猪肝含铜量最高。按照每人每天 1 毫克 ~3 毫克的生理需要量计算，每天吃 100 克猪肝（或芝麻、芋头）即可达标。

5. 牛腰补钼。钼如果摄入不足，将会影响人体生长发育，并可能诱发食道癌。牛肉、牛腰子、羊肉中含钼颇丰。

■■■ 糖对人体健康的影响

碳水化合物，亦称糖类，是人体热能最主要的来源。它在人体内消化后，主要以葡萄糖的形式被吸收利用。葡萄糖能够迅速被氧化并提供（释放）能量。每克碳水化合物在人体内氧化燃烧可放出 4 千卡热能。

我国以淀粉类食物为主食，人体内总热能的 60%～70% 来自食物中的糖类，主要是由大米、面粉、玉米、小米等含有淀粉的食品供给的。这些碳水化合物是构成机体的成分，并在多种生命过程中起重要作用。如碳水化合物与脂类形成的糖脂是组成细胞膜与神经组织的成分，黏多糖与蛋白质合成的黏蛋白是构成结缔组织的基础，糖类与蛋白质结合成糖蛋白可构成抗体、某些酶和激素等具有重要生物活性的物质。人体的大脑和红细胞必须依靠血糖供给能量，因此维持神经系统和红细胞的正常功能也需要糖。糖类与脂肪及蛋白质代谢也有密切的关系。糖类具有节省蛋白质的作用。当蛋白质进入机体后，使组织中游离氨基酸浓度增加，该氨基酸合成为机体蛋白质是耗能过程，如同时摄入糖类补充能量，可节省一部分氨基酸，有利蛋白质合成。食物纤维是一种不能被人体消化酶分解的糖类，虽不能被吸收，但能吸收水分，使粪便变软，体积增大，从而促进肠蠕动，有助排便。

玉 米

供给能量是糖的主要功能，也是构成神经与细胞的主要成分，成人平均每日每千克体重需糖6克。虽然脂肪每单位产热量较糖多1倍，但饮食中糖含量多于脂肪。糖是产生热能的营养素，它使人体保持温暖。人们常说"吃饱了就暖和了"就是这个道理。糖在机体中参与许多生命活动过程。如糖蛋白是细胞膜的重要成分；黏蛋白是结缔组织的重要成分；糖脂是神经组织的重要成分。当肝糖原储备较丰富时，人体对某些细菌的毒素的抵抗力会相应增强。因此保持肝脏含有丰富的糖原，可起到保护肝脏的作用，并提高了肝脏的正常解毒功能。

糖广泛分布于自然界中，来源容易。用糖供给热能，可节省蛋白质，而使蛋白质主要用于组织的建造和再生。脂肪在人体内完全氧化，需要靠糖供给能量，当人体内糖不足，或身体不能利用糖时（如糖尿病人），所需能量大部分要由脂肪供给。脂肪氧化不完全，会产生一定数量的酮体，它过分聚积使血液中酸度偏高碱度偏低，会引起酮性昏迷。所以，糖有抗酮作用。糖中不被机体消化吸收的纤维素能促进肠道蠕动，防治便秘，又能给肠腔内微生物提供能量，合成维生素 B。

1. 如何合理补充糖

首先谈谈如何建立正确吃糖的习惯。吃糖的人，特别是爱吃糖的儿童，要纠正吃糖的习惯，吃糖时将糖嚼碎，尽量缩短糖在嘴里停留的时间；睡觉前更不应该吃糖，人入睡后，唾液停止分泌，没有清洁口腔的唾液，糖发酵产酸就更多，不利于牙齿的健康；吃完糖后，最好用白开水漱漱口，把口腔的含糖量降到最低限度。

关于糖的合理食用量，由于人们生活习惯、饮食结构和劳动强度的不同，国内外营养学者在制定标准上有很大的差异。我国目前糖的供给量约占总需能量的 60% ~ 70%。即：成年人每日每千克体重约 6 克 ~ 8 克，儿童、青少年每日每千克体重约 6 克 ~ 10 克，1 岁以下婴儿约 12 克。国外近几年比较一致的意见是：每日每千克体重控制在 0.5 克左右。也就是说，体重 20 千克的儿童，每日摄糖量为 10 克；体重 60 千克的成人，每日 30 克左右。以牛羊奶为主食的婴幼儿，也应注意少加糖，培养不嗜甜食的饮食习惯。

严格控制糖的摄入量，不会影响人体对糖的需求，因为除碳水化合物食品外，含糖的加工食品实在太多了。当你喝一杯咖啡或红茶，已摄入 10 克 ~ 15 克糖；吃一块甜点心，又获取了 20 克糖；再饮一瓶清凉饮料，又得到了 30 克糖。这些，就已足够机体 1 天之中对糖的需要量了。

在日常生活中，我们常用的白糖、砂糖、红糖都是蔗糖，是由甘蔗或甜萝卜（甜菜茎）制成的。制成糖以后，经过一番加工精炼就成为白糖。砂糖和绵白糖只是结晶体大小不同，砂糖的结晶颗粒大，含水分很少；而绵白糖的结晶颗粒小，含水分较多。它们都是纯碳水化合物，只供热能，不含其他营养素，但具有润肺生津、和中益肺、舒缓肝气的功效。红糖是没有经过高度提纯的蔗糖，它除了具备碳水化合物的功用可以提供热能外，还含有微量元素，如铁、铬和其他矿物质等。虽然其貌不扬，但营养价值却比白糖、砂糖高得多，每 100 克中含钙 90 毫克、含铁 4 毫克，均为白糖、砂糖的 3 倍。中医认为红糖性温味甘，入脾，具有益气、缓中、化食之功能，能健脾暖胃，还有止疼、行血、活血散寒的效用。我国的民族习惯，主张妇女产后吃些红糖，认为有补血活血的作用；在受寒腹痛时，也常用红糖姜汤来祛寒。

2. 过多吃糖危害健康

在食品的调制中，糖能增甜味和口味，又是容易消化的热能来源，所以人特别喜爱甜食。但糖和甜食不宜吃得太多，吃得过多，非但无益，反而有害。

（1）糖与营养不足。每天若是吃糖或甜食较多，那么吃其他富含营养的食物就要减少。尤其是儿童，吃糖或甜食若过多，会使正餐食量减少，于是蛋白质、矿物质、维生素等反而得不到及时补充，以致营养不足。

（2）糖与龋齿。常吃糖食，为口腔内细菌提供了生长繁殖的良好条件，容易被乳酸菌作用而产生酸，使牙齿脱钙，易发生龋齿。

甜 菜

（3）糖与肥胖。吃糖过多，剩余的部分就会转化为脂肪，可带来肥胖的后果，且可导致肥胖病、糖尿病和高脂血症。

（4）糖与骨折。过多的糖使体内维生素 B_1 的含量减少。因为维生素 B_1 是糖在体内转化为能量时必需的物质，维生素 B_1 不足，大大降低了神经和肌肉的活动能力，因此，偶然摔倒易发生骨折。

（5）糖与癌症。实验研究证实，癌症与缺钙有密切联系，而能造成缺钙的白糖，被认为是造成某些癌症的诱发因素之一。

（6）糖与寿命。长期吃高糖食物的人，可造成营养不良，肝脏、肾脏都肿大，脂肪含量也增加，平均寿命将要缩短。

 知识点

龋 齿

"龋齿"，俗称"虫牙"、"蛀牙"，是人类发病率极高的疾病。我国 2005 年第三次口腔健康流调显示：每一百个 5 岁儿童中就有超过 66 人嘴里有龋齿，35 ~ 44 岁中年人群中，这一比例上升到 88.1%，而 65 ~ 74 岁老年人的患龋率则高达 98.4%。世界卫生组织已将龋齿与肿瘤、心血管疾病并列为人类三大重点防治疾病。和后两种疾病一样，龋齿也具有预防效果好、早期治疗痛苦小、损伤小、花钱少的特点。

龋齿的预防

龋齿是人类最普遍的疾病之一，因此，对龋齿的预防是十分重要的。龋齿发生的原因是多方面的，预防也要从多方面着手。目前，一般认为有效的方法有以下几种：

1. 15 岁以下的儿童，应该注意合理的营养。尤其是多吃含有磷、钙、维生素类的食物。例如黄豆和豆类制品、肉骨头汤、小虾干、海带、蛋黄、牛奶、鱼肝油和含有大量维生素与矿物质的新鲜蔬菜及水果等，这些食物对牙齿的发育、钙化都有很大的好处。

2. 在饮食中适当地选择一些粗糙的、富有纤维质的食物，使牙面能得到较好的磨擦，促进牙面清洁，从而构成抗龋的良好条件。

3. 做到早晚刷牙、饭后漱口，尤其是睡前刷牙更为重要，可以减少食物残渣的存积和发酵。

4. 应用氟化物。氟素可预防龋齿，在科学上已有证明。不论是牙齿表面局部涂布氟化物，还是控制饮水中的含氟量，均有显著的防龋效果。在饮食上，如果能选择一些含氟的食品，例如茶叶、莴苣、白菜、青葱等，也可以产生一定的作用。中国人普遍有饮茶的习惯，茶内的氟素与牙齿表面有较长时间的接触，并使人体获得一定量的氟素，这对牙齿可以起到局部涂氟和如同在饮水中加氟的同样抗龋效果。在应用氟素防龋的过程中，要防止氟素过多，尤其在儿童时期更要注意，因为过多的氟素反而会妨碍牙齿的发育，有时还会引起全身氟中毒现象。

如果把上述防龋方法加以综合运用，那么，防治龋齿就能得到最佳的效果。

脂类的种类

脂类是机体内的一类有机大分子物质，它包括范围很广，其化学结构有很大差异，生理功能各不相同，其共同物理性质是不溶于水而溶于有机溶剂，在水中可相互聚集形成内部疏水的聚集体。

脂类是油、脂肪、类脂的总称。食物中的油脂主要是油和脂肪，一般把常温下是液体的称做油，而把常温下是固体的称做脂肪。

油脂（脂肪）

油脂即甘油三酯，也称脂酰甘油，是油和脂肪的统称。脂肪所含的化学元素主要是 C、H、O，部分还含有 N、P 等元素。脂肪是由甘油和脂肪酸组成的三酰甘油酯，其中甘油的分子比较简单，而脂肪酸的种类和长短却不相同。因此脂肪的性质和特点主要取决于脂肪酸，不同食物中的脂肪所含有的脂肪酸种类和含量不一样。自然界有 40 多种脂肪酸，因此可

向日葵

形成多种脂肪酸甘油三酯。脂肪酸一般由 4 个 ~24 个碳原子组成。脂肪酸分 3 大类：饱和脂肪酸、单不饱和脂肪酸、多不饱和脂肪酸。

天然脂肪中，大多数的脂肪酸是不同的，故称为混合酸甘油酯。植物油和动物脂都是脂肪。大多数植物油如豆油、花生油等脂肪中不饱和脂肪酸含量超过 70%，具有较低的凝固点或熔点，在常温时为液体，故统称为油。动物油脂如猪油、羊油中，不饱和脂肪酸含量低三酰甘油的结构通式，凝固点比较高，在常温下呈固态，一般称为脂。脂肪中的重要脂肪酸主要是十六碳和十八碳的饱和或不饱和脂肪酸。油脂含不饱和脂肪酸的多少，一般可以用碘值、饱和度、油酸、亚油酸的数值来表示。不同种类的油脂所含的脂肪酸是不相同的。至于同一种的油脂由于动物或植物的品种不同或生长等情况不同也有差别。因此，下表中所列的数值并不是常数。

天然油脂成分的主要指标

种类	碘值	饱和度/%	油酸/%	亚油酸/%
豆油	135.8	14	22.9	55.2
猪油	66.5	37.7	49.4	12.3
花生油	93	17.7	56.5	25.8
棉籽油	105.8	26.7	25.7	47.5
玉米油	126.8	8.8	35.5	55.7
可可油	36.6	60.1	37	2.9
向日葵油	144.3	5.7	21.7	72.6

动物的脂肪中，不饱和脂肪酸很少，植物油中则比较多。膳食中饱和脂肪太多会引起动脉粥样硬化，因为脂肪和胆固醇均会在血管内壁上沉积而形成斑块，这样就会妨碍血流，产生心血管疾病。也由于此，血管壁上有沉淀物，血管变窄，使肥胖症患者容易患上高血压等疾病。

油脂分布十分广泛，各种植物的种子、动物的组织和器官中都存有一定数量的油脂，特别是油料作物的种子和动物皮下的脂肪组织，油脂含量丰富。人体内的脂肪约占体重的 10% ~ 20%。人体内脂肪酸种类很多，生成甘油三酯时可有不同的排列组合方式，因此，甘油三酯具有多种存在形式。贮存能量和供给能量是脂肪最重要的生理功能。1 克脂肪在体内完全氧化时可释放出 38kJ（9.3kcal）的能量，比 1 克糖原或蛋白质所释放的能量多两倍以上。脂肪组织是体内专门用于贮存脂肪的组织，当机体需要能量时，脂肪组织细胞中贮存的脂肪可动员出来分解供给机体的需要。此外，高等动物和人体内的脂肪，还有减少身体热量损失，维持体温恒定，减少内部器官之间摩擦和缓冲外界压力的作用。

类　脂

类脂包括磷脂、糖脂和胆固醇及其酯三大类。①磷脂是含有磷酸的脂类，包括由甘油构成的甘油磷脂与由鞘氨醇构成的鞘磷脂。在动物的脑和卵中，大豆的种子中，磷脂的含量较多。②糖脂是含有糖基的脂类。③还有，胆固醇及甾类化合物（类固醇）等物质主要包括胆固醇、胆酸、性激素及维生素 D 等。这些物质对于生物体维持正常的新陈代谢和生殖过程，起着重要的调节作用。另外，胆固醇还是脂肪酸盐和维生素 D_3 以及类固醇激素等的合成原料，对于调节机体脂类物质的吸收，尤其是脂溶性维生素（A，D，E，K）的吸收以及钙、磷代谢等均起着重要作用。这三大类类脂是生物膜的重要组成成分，构成疏水性的"屏障"，分隔细胞水溶性成分及将细胞划分为细胞器/核等小的区室，保证细胞内同时进行多种代谢活动而互不干扰，维持细胞正常结构与功能等。

1. 磷酸甘油酯

磷酸甘油酯又称甘油磷脂，是广泛存在于动物、植物和微生物中的一类含磷酸的复合脂质。磷酸甘油酯是细胞膜结构重要的组分之一，在动物的脑、心、肾、肝、骨髓、卵以及植物的种子和果实中含量较为丰富。最简单的磷酸甘油酯结构如下图：

从上述磷酸甘油酯结构可知，甘油 C_1 和 C_2 上的羟基被脂肪酸（R_1、R_2）所酯化，成为疏水性的非极性尾，C_3 位置上的 1 个羟基与 1 个磷酸形成 1 个磷酸酯，因此成为亲水性的极性头。如果磷酸基团上另一端上的羟基 H 被一些含氮碱基所取代，则形成一系列不同的磷酸甘油酯化合物。例如，当 X 为胆碱、乙醇胺、丝氨酸、肌醇时，分别形成磷脂酰胆碱、磷脂酰乙醇胺、磷脂酰丝氨酸、磷脂酰肌醇（PI）。因为这些含氮碱基一般是亲水性的胆碱或胆胺，所以带有这些基团的磷酸甘油酯实际上也是一个亲水脂质或称极性脂质。各种磷酸甘油酯的差别就在于其极性头的大小、形状和电荷差异。它们的这种两性脂质分子在构成生物膜结构中具有重要的作用。

每一种磷酸甘油酯并非只有一种，由于分子内脂肪酸种类不同，因此会形成许多不同类型的磷酸甘油酯。

2. 鞘磷脂

鞘磷脂或神经鞘磷脂是鞘脂质的一种典型的复合脂质，它是高等动物组织中含量最丰富的鞘脂质。鞘磷脂经水解可以得到磷酸、胆碱、鞘氨醇、

NH$_2$-CH$_2$-CH$_2$OH
胆胺（乙醇胺）

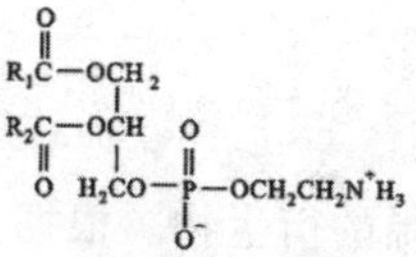

脑磷脂(磷脂酰乙醇胺)

$\begin{array}{c} NH_2 \\ | \\ HO-CH_2-CHCOOH \end{array}$
丝氨酸

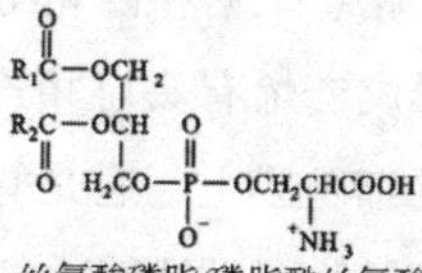

丝氨酸磷脂(磷脂酰丝氨酸)

(CH$_3$)$_3$N$^+$—CH$_2$-CH$_2$OH
胆碱

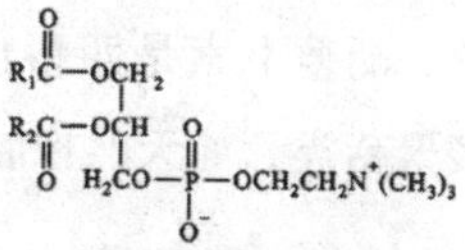

卵磷脂(磷脂酰胆碱)

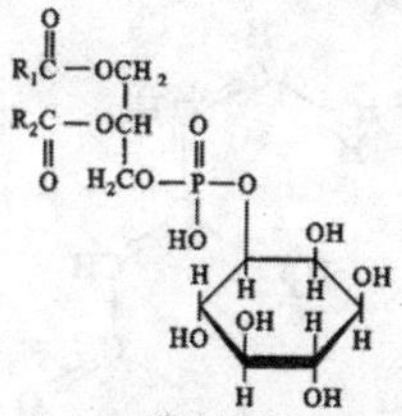

磷脂酰肌醇

几种重要的磷脂酰化合物

二氢鞘氨醇及脂肪酸。鞘氨醇是鞘磷脂的主链骨架，是含有 2 个羟基的 18 个碳胺类。鞘磷脂的主链也有几种，如哺乳动物的鞘脂质以鞘氨醇和二氢鞘氨醇为主要成分。

已发现的鞘氨醇类有几十种，它们的碳原子和羟基数目均有变化。鞘氨醇的氨基与长链脂肪酸（C 18～26）的羧基形成一个具有 2 个非极性尾部的化合物，称为神经酰胺。在神经酰胺分子中，鞘氨醇第一个碳原子上的羟基进一步与磷酰胆碱或磷酰乙醇胺形成磷酸二酯，这种磷脂化合物称为（神经）鞘磷脂。鞘磷脂有 2 条长的碳氢链，一条是由鞘氨醇组成的有 14～18 碳的碳氢链；另一条为连接在氨基上的脂肪酸，如棕榈酸、掬焦油酸和神经酸等。虽然鞘磷脂在结构上类似于磷酸甘油酯，但差异是鞘磷脂上脂肪酸是连接在鞘氨醇的氨基上。

3. 萜类

萜类是异戊二烯的衍生物。根据异戊二烯的数目，可将萜类化合物分为单萜、倍半萜、二萜、三萜和四萜等等。萜类呈线状，有的是环状，或两者兼有。相连的异戊二烯有头尾相连，也有尾尾相连。属于直链萜类的视黄醛存在于动物的细胞膜上，它是脊椎动物视网膜上发现的一种维生素A的衍生物。在高等植物叶片中存在着一种二萜化合物——叶绿醇，它是叶绿素的组成成分。胡萝卜素是四萜化合物，也大量存在于植物的各个器官内。此外还有多聚萜类，如天然橡胶等。维生素A、维生素E、维生素K等都属于萜类。

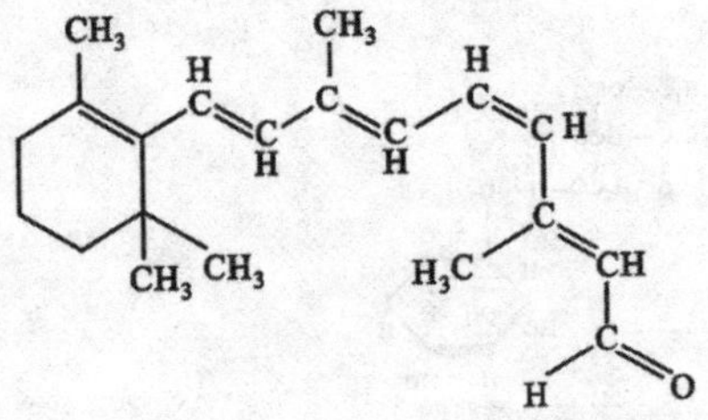

视黄醛

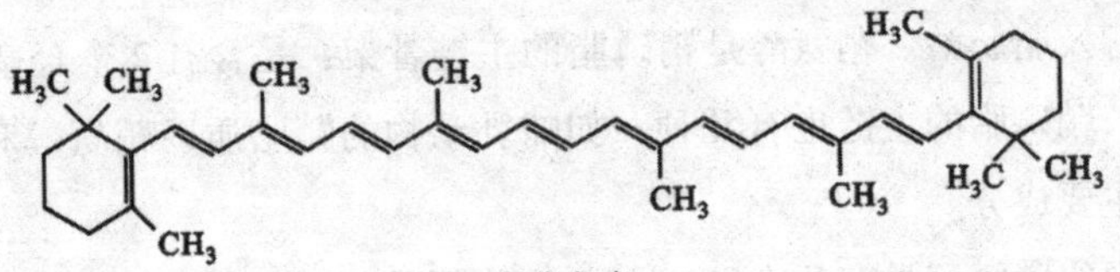

β-胡萝卜素

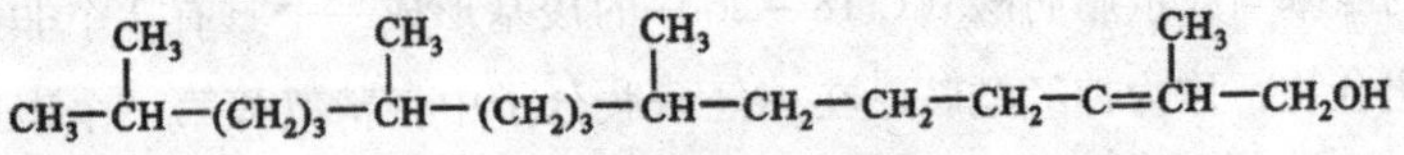

叶绿醇

动、植物中几种重要的萜类

4. 类固醇

类固醇是基于萜类脂质特性的另一类脂质化合物，主要存在于真核细胞内，对细胞生理功能起着重要的作用。类固醇的基本结构是由3个六元环和 1 个五元环融合而成的。类固醇是以环戊烷多氢菲为核心结构的一类衍生物。许多类固醇的核心结构醇化合物在 10 位和 13 位上含有甲基，在 3 位上含有羟基，在 17 位上含有 8 ~ 10 碳烷烃链。类固醇化合物广泛分布于真核生物中，有游离固醇、固醇酯 2 种形式。动物中的固醇以胆固醇为代表，植物固醇以麦角固醇为代表。

（1）胆固醇。胆固醇是类固醇中最主要的一类固醇类化合物，存在于动物细胞膜及少数微生物中。胆固醇在神经组织中含量较多，在血液、胆汁、肝、肾及皮肤组织中也含有相当多的这类物质。生物体内的胆固醇有以游离形式存在，也有与脂肪酸结合而以胆固醇酯的形式存在。胆固醇与长链脂肪酸形成的胆固醇酯是血浆蛋白及细胞外膜的重要组分。胆固醇分子的一端有一极性头部基团羟基而呈现亲水性，分子的另一端具有烃链及固醇的环状结构而表现为疏水性。因此，胆固醇与磷脂质化合物相似，也属于两性分子。

（2）麦角固醇。麦角固醇主要存在于植物中，也是酵母及菌类的主要固醇。麦角固醇最初是从麦角中分离出来，因此而得名，属于霉菌固醇类；也可以从某些酵母中大量提取。虽然与动物胆固醇在结构上具有相似性，但植物胆固醇不会像动物胆固醇一样被人和动物有效地吸收，相反，被摄入的植物胆固醇可以抑制对动物胆固醇的吸收。

分 子

分子是构成物质的微小单元，它是能够独立存在并保持物质原有的一切化学性质的较小微粒。分子一般由更小的微粒——原子构成。按照组成分子的原子个数可分为单原子分子、双原子分子及多原子分子；按照电性结构可分为有极分子和无极分子。不同物质的分子其微观结构、形状不同，分子的理想模型是把它看做球型，其直径大小为 10^{-10}m 数量级。分子质量的数量级约为 10^{-26}kg。

延伸阅读

分子概念的发展

　　最早提出比较确切的分子概念的化学家是意大利阿伏伽德罗，他于1811年发表了分子学说，认为："原子是参加化学反应的最小质点，分子则是在游离状态下单质或化合物能够独立存在的最小质点。分子是由原子组成（构成）的，单质分子由相同元素的原子组成（构成），化合物分子由不同元素的原子组成（构成）。在化学变化中，不同物质的分子中各种原子进行重新结合"。

　　自从阿伏伽德罗提出分子概念以后，在很长的一段时间里，化学家都把分子看成比原子稍大一点儿的微粒。1920年，德国化学家施陶丁格开始对这种小分子一统天下的观点产生怀疑，他的根据是：利用渗透压法测得的橡胶的分子量可以高达10万左右。他在论文中提出了大分子（高分子）的概念，指出天然橡胶不是一种小分子的缔合体，而是具有共价键结构的长链大分子。高分子还具有它本身的特点，例如高分子不像小分子那样有确定不变的分子量，它所采用的是平均分子量。

　　随着分子概念的发展，化学家对于无机分子的了解也逐步深入，例如氯化钠是以钠离子和氯离子以离子键互相连接起来的一种无限结构，很难确切地指出它的分子中含有多少个钠离子和氯离子，也无法确定其分子量，这种结构还包括金刚石、石墨、石棉、云母等分子。

　　在研究短寿命分子的方法出现以后，例如用微秒光谱学研究方法，测得甲基（$CH_3\cdot$）的寿命为10^{-13}秒，不但寿命短，而且很活泼，其原因是甲基的价键是不饱和的，具有单数电子的结构。这种粒子还有$CH\cdot$、CN $\cdot$、HO，它们统称为自由基，仅具有一定程度的稳定性，很容易发生化学反应，由此可见自由基也具有分子的特征，所以把自由基归入分子的范畴。还有一种分子在基态时不稳定，但在激发态时却是稳定的，这种分子被称为准分子。从分子水平上研究各种自然现象的科学称为分子科学，例如动物学、遗传学、植物学、生理学等正在掌握各种形式的不同种类分子的性能和结构，由分子的性能和结构设计出具有给定性能的分子，这就是所谓分子设计。在化学变化中，分子会改变，而原子不会改变。

脂类代谢与人体密切相关

脂类物质包括脂肪和类脂二类物质，脂肪又称甘油三酯，由甘油和脂肪酸组成；类脂包括胆固醇及其酯、磷脂及糖脂等。脂类物质是细胞质和细胞膜的重要组分；脂类代谢与糖代谢和某些氨基酸的代谢密切相关；脂肪是机体的良好能源，脂肪的潜能比等量的蛋白质或糖高 1 倍以上、通过氧化可为机体提供丰富的热能；固醇类物质是某些激素和维生素 D 及胆酸的前体。脂类代谢与人类的某些疾病（如酮血症、酮尿症、脂肪肝、高血脂症、肥胖症和动脉粥样硬化、冠心病等）有密切关系，因此，脂类代谢对人体健康有重要意义。

脂类的消化与吸收

1. 脂肪的消化与吸收

食物中的脂肪在口腔和胃中不被消化，因唾液中没有水解脂肪的酶，胃液中虽含有少量脂肪酶，但胃液中的 pH 为 1～2，不适于脂肪酶作用。脂肪的消化作用主要是在小肠中进行，由于肠蠕动和胆汁酸盐的乳化作用，脂肪分散成细小的微团，增加了与脂肪酶的接触面，通过消化作用，脂肪转变为甘油一酯、甘油二酯、脂肪酸和甘油等，它们与胆固醇、磷脂及胆汁酸盐形成混合微团。这种混合微团在与十二指肠和空肠上部的肠黏膜上皮细胞接触时，甘油一酯、甘油二酯和脂肪酸即被吸收，这是一种依靠浓度梯度的简单扩散作用。吸收后，短链的脂肪酸由血液经门静脉入肝；长链的脂肪酸、甘油一酯和甘油二酯在肠黏膜细胞的内质网上重新合成甘油三酯，再与磷脂、胆固醇、胆固醇酯及载脂蛋白构成了乳糜微粒，通过淋巴管进入血液循环。

2. 类脂的消化与吸收

食物中胆固醇的吸收部位主要是空肠和回肠，游离胆固醇可直接被吸收；胆固醇酯则经胆汁酸盐乳化后，再经胆固醇酯酶水解生成游离胆固醇后才被吸收，吸收进入肠黏膜细胞的胆固醇再酯化成胆固醇酯，胆固醇酯中的大部分掺入乳糜微粒，少量参与组成极低密度脂蛋白，经淋巴进入血液循环。食物中的磷脂在磷脂酶的作用下，水解为脂肪酸、甘油、磷酸、胆碱或胆胺，被肠黏膜吸收后，在肠壁重新合成完整的磷脂分子，参与组成乳糜微粒而进入血液循环。

脂肪的代谢

1. 脂肪酸的合成

体内的脂肪酸的来源有二：一是机体自身合成，以脂肪的形式储存在脂肪组织中，需要时从脂肪组织中动员。饱和脂肪酸主要靠机体自身合成；另一来源系食物脂肪供给，特别是某些不饱和脂肪酸，动物机体自身不能合成，需从植物油摄取。它们是动物不可缺少的营养素，故称必需脂肪酸。它们又是前列腺素、血栓素及白三烯等生理活性物质的前体。前列腺素可使血管扩张，血压下降，并能抑制血小板的聚集。而血栓素作用与此相反，有促凝血作用。白三烯能引起支气管平滑肌收缩，与过敏反应有关。

脂肪酸的生物合成是在胞液中多酶复合体系催化下进行的，原料主要来自糖酵解产生的乙酸辅酶 A 和还原型辅酶 II，最后合成软脂酸。软脂酸在内质网和线粒体分别与丙二酰单酰辅酶 A 和乙酸辅酶 A 作用，均可以使碳链的羧基端延长到 $18℃ \sim 26℃$。机体还可利用软脂酸、硬脂酸等原料，在去饱和酶的催化下，合成不饱和脂肪酸，但不能合成亚油酸、亚麻酸和花生四烯酸等必需脂肪酸。

2. 脂肪的合成

脂肪在体内的合成有两条途径，一种是利用食物中脂肪转化成人体的脂肪，另一种是将糖转变为脂肪，这是体内脂肪的主要来源，是体内储存能源的过程。糖代谢生成的磷酸二羟丙酮在脂肪和肌肉中转变为磷酸甘油，与机体自身合成或食物供给的两分子脂肪酸活化生成的脂酰辅酶 A 作用生成磷脂酸，然后脱去磷酸生成甘油二酯，再与另一分子脂酰辅酶 A 作用，生成甘油三酯。

3. 脂肪的分解

脂肪组织中储存的甘油三酯，经激素敏感脂肪酶的催化，分解为甘油和脂肪酸运送到全身各组织利用，甘油经磷酸化后，转变为磷酸二羟丙酮，循糖酵解途径进行代谢。胞液中的脂肪酸首先活化成脂酰辅酶 A，然后由肉毒碱携带通过线粒体内膜进入基质中进行氧化，产生的乙酰辅酶 A 进入三羧酶循环彻底氧化，这是体内能量的重要来源。

4. 酮体的产生和利用

脂肪酸在肝中分解氧化时产生特有的中间代谢产物——酮体，酮体包括乙酰乙酸、羟丁酸和丙酮，由乙酰辅酶 A 在肝脏合成。肝脏自身不能利用酮体，酮体经血液运送到其它组织，为肝外组织提供能源。在正常情况下，酮体的生成和利用处于平衡状态。

类脂的代谢

1. 胆固醇的代谢

体内胆固醇主要在肝细胞内合成，胆固醇在体内不能彻底氧化分解，但可以转变成许多具有生物活性的物质，肾上腺皮质激素、雄激素及雌激素均以胆固醇为原料在相应的内分泌腺细胞中合成。胆固醇在肝中转变为胆汁酸盐，并随胆汁排入消化道参与脂类的消化和吸收。皮肤中的 7 –脱氧胆固醇在日光紫外线的照射下，可转变为维生素，后者在肝及肾羟化转变为 1，25 –的活性形式，参与钙、磷代谢。

2. 磷脂的代谢

含磷酸的脂类称为磷脂，由甘油构成的磷脂统称为甘油磷脂，它包括卵磷脂和脑磷脂，是构成生物膜脂双层结构的基本骨架，含量恒定为固定脂。卵磷脂是合成血浆脂蛋白的重要组分。由鞘氨醇构成的磷脂称为鞘磷脂，是生物膜的重要组分，参与细胞识别及信息传递。磷脂酸是合成磷脂的前体，在磷酸酶作用下生成甘油二酯，然后与 CDP – 胆碱或 CDP – 胆胺反应生成卵磷脂和脑磷脂。鞘氨醇由软脂酸辅酶 A 和丝氨酸反应形成。鞘氨醇经长链脂酰辅酶 A 酰化而形成 N – 酸基鞘氨醇，即神经酰胺，又进一步和 CDP – 胆碱作用而形成鞘磷脂。

血浆脂蛋白代谢

1. 血脂的组成及含量

血浆中所含的脂类统称血脂，它的组成包括甘油三酯、磷脂、胆固醇及其酯以及游离的脂肪酸等。血脂的来源有二：一为外源性，从食物摄取的脂类经消化吸收进入血液；二是内源性，由肝、脂肪细胞以及其它组织合成后释放入血液。血脂受膳食、年龄、性别、职业以及代谢等的影响，波动范围较大。正常人空腹 12 h ~ 24 h 血脂的组成及含量见下表。

正常成人空腹时血浆中脂类的组成和含量

脂类物质	nmol/L	mg/dl
脂类总量	4 ~ 7（g/L）	400 ~ 700
甘油三酯	0.11 ~ 1.76	10 ~ 160
胆固醇总量	3.75 ~ 6.25	150 ~ 250
磷脂	1.80 ~ 3.20	150 ~ 250
游离脂肪酸	0.3 ~ 0.9	8 ~ 25

血浆中脂类的正常值范围因测定方法不同而有一定的差别。另外，血脂含量与全身脂类相比，只占极小部分，但所有脂类均通过血液转运至各组织。因此，血脂的含量可以反映全身脂类的代谢概况。

2. 血浆脂蛋白的分类、组成及功能

正常人血浆含脂类虽多，却仍清彻透明，说明血脂在血浆中不是以自

由状态存在，而与血浆中的蛋白质结合，以血浆脂蛋白的形式运输。载脂蛋白主要有 apoA、apoB、apoC、apoD 和 apoE 等五类，还有若干亚型。血浆脂蛋白的结构为球状颗粒，表面为极性分子和亲水基团，核心为非极性分子和疏水基团。各种血浆脂蛋白因所含脂类及蛋白质量不同，其密度、颗粒大小、表面电荷、电泳行为及免疫性均有不同，一般用超速离心法和电泳法将它们分为四类，彼此对应，即：HDL 高密度脂蛋白（脂蛋白）、VLDL 极低密度脂蛋白（前脂蛋白）、LDL 低密度脂蛋白（脂蛋白）和 CM 乳糜微粒。CM 是在空肠黏膜细胞内合成，转运外源性脂肪；VLDL 是在肝细胞内合成，转运内源性脂肪；LDL 是在血浆中由 VLDL 转变而来，转运胆固醇至各组织；HDL 是在肝细胞内合成，转运胆固醇和磷脂至肝脏。

细　胞

细胞是生命活动的基本单位。已知除病毒之外的所有生物均由细胞所组成，但病毒生命活动也必须在细胞中才能体现。一般来说，细菌等绝大部分微生物以及原生动物由一个细胞组成，即单细胞生物；高等植物与高等动物则是多细胞生物。细胞可分为两类：原核细胞、真核细胞。但也有人提出应分为三类，即把原属于原核细胞的古核细胞独立出来作为与之并列的一类。研究细胞的学科称为细胞生物学。世界上现存最大的细胞为鸵鸟的卵子。

人体中腑与腑之间的关系

六腑是传导饮食物的器官，它们既分工又协作，共同完成饮食物的受纳、消化、吸收、传导和排泄过程。如胆的疏泄胆汁，助胃化食；胃的受纳腐熟，消化水谷；小肠的承受吸收，分清泌浊；大肠的吸收水分和传导糟粕；膀胱贮存和排泄尿液；三焦是水液升降排泄的主要通道等等，它们之间的关系是十分密切，其中一腑功能失常，或发生病变，都足以影响饮食物的传化，所以说六腑是泻而不藏，以通为用。

脏与腑是表里互相配合的，一脏配一腑，脏属阴为里，腑属阳为表。脏腑的表里是由经络来联系，即脏的经脉络于腑，腑的经脉络于脏，彼此经气相通，互相作用，因此脏与腑在病变上能够互相影响，互相传变。脏腑表里关系是：心与小肠相表里；肝与胆相表里；脾与胃相表里；肺与大肠相表里；肾与膀胱相表里；心包与三焦相表里。

1. 心与小肠：经络相通，互为表里。心经有热可出现口舌糜烂。苦心经移热于小肠，则可兼见小便短赤，尿道涩痛等症。

2. 肝与胆：胆寄于肝，脏腑相联，经络相通，构成表里。胆汁来源于肝，若肝的疏泄失常，会影响到胆汁的正常排泄。反之，胆汁的排泄失常，又会影响到肝。故肝胆症候往往同时并见，如黄疸、胁痛、口苦、眩晕等。

3. 脾与胃：在特性上，脾喜燥恶湿，胃喜润恶燥；脾主升，胃主降。在生理功能上，胃为水谷之海，主消化；脾为胃行其津液，主运化。二者燥湿相济，升降协调，胃纳脾化，互相为用，构成了既对立又统一的矛盾运动，共同完成水谷的消化、吸收和转输的任务。胃气以下行为顺，胃气和降，则水谷得以下行。脾气以上行为顺，脾气上升，精微物质得以上输。若胃气不降，反而上逆，易现反逆、呕吐等症。脾气不升，反而下陷，易现久泄、脱肛、子宫下脱等症。由于脾胃在生理上密切相关，在病理上互相影响，所以在临症时常脾胃并论，在治疗上多脾胃并治。

4. 肺与大肠：经络相连，互为表里。若肺气肃降，则大肠气机得以通畅，以发挥其传导功能。反之，若大肠保持其传导通畅，则肺气才能清肃下降。例如：肺气壅滞，失其肃降之功，可能引起大肠传导阻滞，出现大便秘结。反之，大肠传导阻滞，又可引起肺肃降失常，出现气短咳喘等。又如：在治疗上肺有实热，可泻大肠，使热从大肠下泄。反之，大肠阻滞，又可宣通肺气，以疏利大肠的气机。

5. 肾与膀胱：经络相通，互为表里。在生理上一为水脏，一为水腑，共同维持水液代谢的平衡（以肾为主）。肾阳蒸化，使水液下渗膀胱，膀胱又

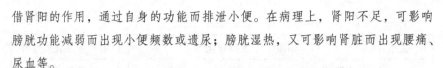

借肾阳的作用，通过自身的功能而排泄小便。在病理上，肾阳不足，可影响膀胱功能减弱而出现小便频数或遗尿；膀胱湿热，又可影响肾脏而出现腰痛、尿血等。

6. 心包与三焦：经络相通，互为表里。例如，临床上热病中的湿热合邪，稽留三焦，出现胸闷身重，尿少便搪，表示病在气分。如果未能制止其发展，温热病邪，便由气分入营分，由三焦内陷心包，而出现昏迷、谵语等症。内脏之间的联系是很广泛的。它们之间既有结构上的联络，更有功能上的联系。例如脾的主要功能是主运化，为全身的营养来源；但脾的运化，除了胃为主要配合外，也要依靠肝气的疏泄、肺气的输布，心血的滋养，肾阳的温煦，胆亦参与其间。内脏之间的相互关系构成了人体活动的整体性，使得各种生理功能更为和谐协调，这对于维持人体生命活动，保持健康有重要意义。

脂类代谢失调与疾病

科学研究证实，目前影响人类健康的主要疾病——心血管疾病、高血脂、肥胖等都与脂类代谢失调密切相关。

1. 血浆脂蛋白的异常引起的疾病正常时，血浆脂类水平处于动态平衡，能保持在一个稳定的范围。如在空腹时血脂水平升高，超出正常范围，称为高血脂症。因血脂是以脂蛋白形式存在，所以血浆脂蛋白水平也升高，称为高脂蛋白血症。根据国际暂行的高脂蛋白血症分型标准，将高脂蛋白血症分为6型，各型高脂蛋白血症血浆脂蛋白及脂类含量变化见下表。

各型高脂蛋白血症血浆脂蛋白及脂类含量变化

类型	血浆脂蛋白变化	血脂含量变化发生率
I	高乳糜微粒血症	甘油三酯升高罕见
	（乳糜微粒升高）	胆固醇升高
IIa	高脂蛋白血症	甘油三酯正常常见
	（低密度脂蛋白升高）	胆固醇升高

续表

类型	血浆脂蛋白变化	血脂含量变化发生率
Ⅱb	高脂蛋白血症	甘油三酯升高常见
	高前脂蛋白血症（低密度脂蛋白及极低密度脂蛋白升高）	胆固醇升高
Ⅲ	高脂蛋白血症	甘油三酯升高较少
	高前脂蛋白血症（出现"宽"脂蛋白低密度脂蛋白升高）	胆固醇升高
Ⅳ	高前脂蛋白血症	甘油三酯升高常见
	（极低密度脂蛋白升高）	胆固醇升高
Ⅴ	高乳糜微粒血症	甘油三酯升高
	高前脂蛋白血症	胆固醇升高不常见

按发病原因又可分为原发性高脂蛋白血症和继发性高脂蛋白血症。原发性高脂蛋白血症是由于遗传因素缺陷所造成的脂蛋白的代谢紊乱，常见的是Ⅱa和Ⅳ型；继发性高脂蛋白血症是由于肝、肾病变或糖尿病引起的脂蛋白代谢紊乱。

高脂蛋白血症发生的原因可能是由于载脂蛋白、脂蛋白受体或脂蛋白代谢的关键酶缺陷所引起的脂质代谢紊乱。包括脂类产生过多、降解和转运发生障碍，或两种情况兼而有之，如脂蛋白脂酶活力下降、食入胆固醇过多、肝内合成胆固醇过多、胆碱缺乏、胆汁酸盐合成受阻及体内脂肪动员加强等均可引起高脂蛋白血症。动脉粥样硬化是严重危害人类健康的常见病之一，发生的原因主要是血浆胆固醇增多，沉积在大、中动脉内膜上所致。其发病过程与血浆脂蛋白代谢密切相关。现已证明，低密度脂蛋白和极低密度脂蛋白增多可促使动脉粥样硬化的发生，而高密度脂蛋白则能防止病变的发生。这是因为高密度脂蛋白能与低密度脂蛋白争夺血管壁平滑肌细胞膜上的受体，抑制细胞摄取低密度脂蛋白的能力，从而防止了血管内皮细胞中低密度脂蛋白的蓄积。所以在预防和治疗动脉粥样硬化时，可以考虑应用降低低密度脂蛋白和极低密度脂蛋白及提高高密度脂蛋白的药物。肥

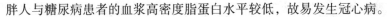

胖人与糖尿病患者的血浆高密度脂蛋白水平较低，故易发生冠心病。

2. 酮血症、酮尿症及酸中毒。正常情况下，血液中酮体含量很少，通常小于1mg/100mL。尿中酮体含量很少，不能用一般方法测出。但在患糖尿病时，糖利用受阻或长期不能进食，机体所需能量不能从糖的氧化取得，于是脂肪被大量动员，肝内脂肪酸大量氧化。肝内生成的酮体超过了肝外组织所能利用的限度，血中酮体即堆积起来，临床上称为"酮血症"。患者随尿排出大量酮体，即"酮尿症"。酮体中的乙酰乙酸和羟丁酸是酸性物质，体内积存过多，便会影响血液酸碱度，造成"酸中毒"。

3. 脂肪肝及肝硬化。由于糖代谢紊乱，大量动员脂肪组织中的脂肪，或由于肝功能损害，或者由于脂蛋白合成重要原料卵磷脂或其组成胆碱或参加胆碱含成的甲硫氨酸及甜菜碱供应不足，肝脏脂蛋白合成发生障碍，不能及时将肝细胞脂肪运出，造成脂肪在肝细胞中堆积，占据很大空间，影响了肝细胞的机能，肝脏脂肪的含量超过10%，就形成了"脂肪肝"。脂肪的大量堆积，甚至使许多肝细胞破坏，结缔组织增生，造成"肝硬化"。

4. 胆固醇与动脉粥样硬化。虽然胆固醇是高等真核细胞膜的组成部分，在细胞生长发育中是必需的，但是血清中胆固醇水平增高常使动脉粥样硬化的发病率增高。动脉粥样硬化斑的形成和发展与脂类特别是胆固醇代谢紊乱有关。胆固醇进食过量、甲状腺机能衰退，肾病综合征，胆道阻塞和糖尿病等情况常出现高胆固醇血症。

近年来发现遗传性载脂蛋白（APO）基因突变造成外源性胆固醇运输系统不健全，使血浆中低密度脂蛋白与高密度脂蛋白比例失常，例如APO AI，APO CIII缺陷产生血中高密度脂蛋白过低症，APO－E－2基因突变产生高脂蛋白血症，此情况下食物中胆固醇的含量就会影响血中胆固醇的含量，因此病人应采用控制膳食中胆固醇治疗。引起动脉粥样硬化的另一个原因是低密度脂蛋白的受体基因的遗传性缺损，低密度脂蛋白不能将胆固醇送入细胞内降解，因此内源性胆固醇降解受到障碍，致使血浆中胆固醇增高。

5. 肥胖症。肥胖症是一种发病率很高的疾病，轻度肥胖没有明显的自觉症状，而肥胖症则会出现疲乏、心悸、气短和耐力差，且容易发生糖尿病、动脉粥样硬化、高血压和冠心病等。除少数由于内分泌失调等原因造成的肥胖症外，多数情况下是由于营养失调所造成。由于摄入食物的热量大于人体活动需要量，体内脂肪沉积过多、体重超过标准 20% 以上者称为肥胖症。预防肥胖，要应用合理饮食，尤其是控制糖和脂肪的摄入量，加上积极而又适量的运动是最有效的减肥处方。

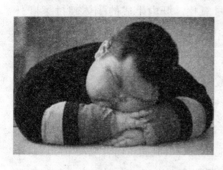

脂肪是人体内的主要储能物质，机体所需能量的 50% 以上由脂肪氧化供给；脂肪还协助脂溶性维生素的吸收，因此，脂肪是人体的重要营养素之一；包括胆固醇、胆固醇酯和磷脂等在内的类脂广泛分布于全身各组织中，是构成生物膜的主要物质，它与膜上许多酶蛋白结合而发挥膜的功能，胆固醇还是机体内合成胆汁酸、

肥胖症

维生素和类固醇的重要物质。脂类代谢受多种因素影响，特别是受到神经体液的调节，如肾上腺素、生长激素、高血糖素、促肾上腺素、糖皮质类固醇、甲状腺素和甲状腺刺激素促进脂肪组织释放脂肪酸，而胰岛素和前列腺素的作用则相反。适量的含脂类食物的摄入和适当的体育锻炼，有利于脂类代谢保持正常，一旦某种因素发生变化引起脂类代谢反常时，便导致疾病，危害人体健康。

脂肪酸

脂肪酸是指一端含有一个羧基的长的脂肪族碳氢链，是有机物。低级的脂肪酸是无色液体，有刺激性气味，高级的脂肪酸是蜡状固体，无明显可嗅到的气味。脂肪酸是最简单的一种脂，它是许多更复杂的脂的组成成分。脂肪酸在有充足氧供给的情况下，可氧化分解为二氧化碳和水，释放大量能量，因此脂肪酸是机体主要能量来源之一。

延伸阅读

循环系统功能的障碍

循环系统受神经、激素、内脏肌的自律收缩特性、局部代谢活动等的调节。在疾病发生初期，通过调节机制，循环功能可能得到代偿而不出现症状。有时症状实际是代偿变化的表现，这可以心力衰竭为例。循环是个双泵系统，若后泵正常工作但前泵因病无力运出由后泵输入的血液，则血液必将储留于两泵之间。左心衰竭就是这个情况，可造成肺部充血甚至引起肺水肿。但储留不会无限增加，因为肺循环液量的增加使左心室在舒张期末更为充盈，也即肌纤维更为伸长，而这可增加心肌收缩力。这种情况是细胞水平的代偿机制，可能因为在一定限度内肌纤维的伸长会使肌节内粗细丝间搭接部分增加所致。于是，左心收缩力恢复到能在这新的情况下运出右心输进的血液。同时，机体通过血液的代偿性变化储留水钠，增加体内总液量。这种储液有助于提高心输出量，但许多衰竭症状正是出于液体储留，如水肿和充血性肝肿大等，而治疗的一个重要措施就是限盐和使用利尿药以控制这过分的水钠储留。

再一常见循环功能障碍是休克。休克时全身组织得不到充分的血液供应。休克病人常表现低血压，但以前有血压高历史的病人可在出现休克时血压仍在正常范围内。休克的最常见原因是体液丢失如出血或腹泻脱水。在失液过程中先是交感神经系统兴奋以代偿循环功能，减少皮肤和肌肉的血流量借以维持正常的心输出量和血压。但随着液体继续丢失，心输出量降低，转而只保证心、脑和肝的供血。同时静脉普遍收缩，将血液集中于循环部分；一部分组织液也进入循环。若失液进一步加重，心输出连心脑也不能保证，血压下降，全身组织缺氧。代谢性酸中毒加重组织损伤，心脑的损伤影响代偿功能，而内皮损伤则破坏循环系的完整性。肠道细菌可侵入体内，个别器官如肺和肾的损伤可分别导致成人呼吸窘迫综合征和急性肾小管坏死。

比起外管腔系，循环系疾病中感染性疾病较少。但许多全身性感染中都有个血行播散阶段。感染中的皮疹常是病原体侵及血管的表现，主要侵犯内皮细胞的病原体有利克次氏体。感染还常通过免疫机制伤及循环系统。例如抗原抗体复合物沉积在血管引发炎性反应，可造成损伤如各种脉管炎，若沉积在肾小球则造成肾炎。但最典型的例子还是革兰氏阴性菌内毒素造成的败血症性休克。内毒素可作用于内皮细胞膜导致产生前列腺素和白细胞三烯，内毒素还可激活补体系统，这两者都吸引炎性细胞而造成内皮细胞损伤。内毒素还可激活凝血系统，在微循环中出现大量小血栓，这又引起继发性纤维溶解现象，最后因凝血因子和血小板的耗竭及纤溶蛋白性降解产物的抗凝作用而导致广泛出血（称弥漫性血管内凝血）。

构成人体组织的蛋白质

蛋白质是生物体内一切组织的基本成分。细胞内除了水之外，其他80%的物质都是蛋白质。它在生命现象和生命过程中起着决定性作用。

蛋白质是由碳、氢、氧、氮为基本元素组成的高分子物质，其组成的基本单位是氨基酸。构成蛋白质的氨基酸有20多种，不同的氨基酸按不同量、比例组成千变万化的蛋白质。食物中的各种蛋白质被消化为各种氨基酸吸收，在人体内再重新组合成人体不同的体蛋白，以满足人体生命活动及生长发育的需要。

蛋白质中的色蛋白负责输送氧气；激素是一种蛋白质，它负责在新陈代谢过程中起调节作用；人体内到处存在的酶也是一种蛋白质，它对人体中发生的各种化学反应起着催化作用；抗体这种蛋白质能够预防疾病的发生。如果没有蛋白质的作用，脱氧核糖核酸和核糖核酸的复制、信息的转录、遗传密码的翻译等重要过程也都无法进行。

一般根据蛋白质分子的形状、化学组成、功能等对蛋白质进行分类。

按形状分类可分为：①纤维蛋白。它的分子为细长形，不溶于水，丝、羊毛、皮肤、头发、角、爪、甲、蹄、羽毛、结缔组织等所含有的蛋白质都是纤维蛋白。②球蛋白。它的分子呈球形或椭球形，一般能溶于水或含有酸、碱、盐或乙醇的水溶液中，酶蛋白和激素蛋白都是球蛋白。

按化学组成分类可分为：①简单蛋白。只由蛋白质本身，即只由多肽链组成的蛋白质。②结合蛋白。它是由蛋白质和非氨基酸物质（如核酸、脂肪、糖、色素等）结合而成的蛋白质，所以又称复合蛋白。蛋白质与核酸结合可生成核蛋白，蛋白质与糖结合可生成糖蛋白，蛋白质与血红素结合可生成血红蛋白。

烹调加工后蛋白质会失活

按功能分类可分为：①活性蛋白。如酶蛋白、激素蛋白能起酶和激素的作用。②非活性蛋白。如胶原蛋白、角蛋白、弹性蛋白。

蛋白质分子受某些物理因素（如热、紫外线、超声波、高电压等）和化学因素（如酸、碱、有机溶剂、重金属盐、尿素、表面活性剂）等的作用，会导致蛋白质丧失生物活性，称为蛋白质的变性，这是应该尽量避免的。

蛋白质主要有如下的生理作用：

1. 构成人体组织的基本材料。蛋白质是一切生命的物质基础，是肌体细胞的重要组成部分，是人体组织更新和修补的主要原料。人体的每个组织：毛发、皮肤、肌肉、骨骼、内脏、大脑、血液、神经、内分泌等都是由蛋白质组成，所以说饮食造就人本身。蛋白质对人的生长发育非常重要。

2. 修补人体组织。人的身体由百兆亿个细胞组成，细胞可以说是生命的最小单位，它们处于永不停息的衰老、死亡、新生的新陈代谢过程中。例如年轻人的表皮 28 天更新一次，而胃黏膜两三天就要全部更新。所以一个人如果蛋白质的摄入、吸收、利用都很好，那么皮肤就是光泽而又有弹性的。反之，人则经常处于亚健康状态。组织受损后，包括外伤，不能得到及时和高质量的修补，便会加速机体衰退。

3. 维持肌体正常的新陈代谢和各类物质在体内的输送。载体蛋白对维持人体的正常生命活动是至关重要的。可以在体内运载各种物质。比如血红蛋白—输送氧（红血球更新速率 250 万/秒）、脂蛋白—输送脂肪、细胞膜上的受体还有转运蛋白等。

4. 维持机体内的渗透压和体液的平衡。血清白蛋白是脊椎动物血浆中含量最丰富的蛋白质，它具有结合和运输内源性与外源性物质、维持血液胶体渗透压、清除自由基、抑制血小板聚集和抗凝血等生理功能。

5. 维持体液的酸碱平衡。酶也是蛋白质的一种，是维持人体酸碱平衡的重要元素。酸碱平衡是维持人体生命活动的重要基础，当平衡一旦破坏，就会影响生命的正常活动效率，并带来各种疾病。酶决定了人体细胞各种活动，体液的酸碱水平又决定着酶的催化效率。生命活动的延续过程就是在维护和破坏的动态平衡中延续，直到人的生命终结。因此体液酸碱水平的稳定与否，影响着整个生命的过程。如将人体所有的体液混合在一起，人体平均 pH 值为 7.3～7.35。当人体血液 pH 值低于 7.2 时，就会引起严重的酸中毒。

6. 免疫细胞和免疫蛋白，构筑人体免疫系统。有白细胞、淋巴细胞、巨噬细胞、抗体（免疫球蛋白）、补体、干扰素等。当蛋白质充足时，这个部队就很强，在需要时，数小时内可以增加 100 倍，有效构筑人体免疫系统。免疫系统具有防御、监视、消除外来异体物质（抗原）和监视、清除身体内衰老细胞及突变细胞的生理作用，并可稳定、保持机体内环境的平衡统一，即在体内实现免疫防御、免疫监视和免疫稳定的三方面功能。免疫系统的任何结构改变和功能失调，将使体内识别异物和清除异物的自身免疫抗病能力降低，引起各种感染性疾病、自身免疫性疾病或肿瘤。

7. 构成人体必需的催化和调节功能的各种酶。人体有数千种酶，每一种只能参与一种生化反应。人体细胞里每分钟要进行一百多次生化反应。酶有促进食物的消化、吸收、利用的作用。相应的酶充足，反应就会顺利、快捷的进行，我们就会精力充沛，不易生病。否则，反应就变慢或者被阻断。

8. 激素的主要原料。具有调节体内各器官的生理活性。胰岛素是由 51 个氨基酸分子合成。生长素是由 191 个氨基酸分子合成，糖尿病的形成就与胰岛素有着密切的关系。

9. 构成神经递质。乙酰胆碱、五羟色氨等是起到维持神经系统的正常

功能：味觉、视觉和记忆的重要元素。

10. 胶原蛋白占身体蛋白质的1/3，生成结缔组织，构成身体骨架。如骨骼、血管、韧带等，决定了皮肤的弹性，保护大脑。在大脑脑细胞中，很大一部分是胶原细胞，并且形成血脑屏障保护大脑。

11. 提供热能。蛋白质在分解过程中释放能量，提供人体生命活动所需要的能量。

血 液

血液是流动在心脏和血管内的不透明红色液体，主要成分为血浆、血细胞。属于结缔组织，即生命系统中的结构层次。血液中含有各种营养成分，如无机盐、氧以及细胞代谢产物、激素、酶和抗体等，有营养组织、调节器官活动和防御有害物质的作用。

人体内的血液量大约是体重的7%～8%，如体重60公斤，则血液量约4 200毫升～4 800毫升。各种原因引起的血管破裂都可导致出血，如果失血量较少，不超过总血量的10%，则通过身体的自我调节，可以很快恢复；如果失血量较大，达总血量的20%时，则出现脉搏加快，血压下降等症状；如果在短时间内丧失的血液达全身血液的30%或更多，就可能危及生命。

人体有效的循环血量

生命的维持要求一个有效的循环血量，以保证全身组织能得到充足的灌注，这就要求细胞外液保持稳定的容量。

主动脉和颈动脉中的压力感受器和心房及大静脉中的容积感受器，会察觉体液的丢失，并通过交感神经刺激周围血管收缩和近曲管回吸纳。神经刺激、肾灌注压的降低和远曲管内钠的减少，还会引起肾素的释放，再通过血中血管紧张素的中介，收缩周围血管和促使肾上腺皮质分泌醛固酮。醛固酮作用于远曲管增加钠的回吸。这肾外和肾内两种代偿机制，一方面通过血管收缩维持正常血压，一方面通过肾脏保钠维持体液容量。体液丢失100毫升就可引起上述反应，而若丢失500毫升以上时，还会通过神经机制引起抗利尿激素的额外分泌，甚至可造成体液低渗状态。血管紧张素还可刺激"渴中枢"，引起摄水行为。在相反的情况如高血压和心力衰竭时，右心房心肌细胞受到牵张，还可分泌心钠素（一种多肽激素），它可减少肾素分泌并直接产生和肾素及血管紧张素相反的作用，降低血压和促进水钠外排。

细胞外液渗透压主要靠钠离子维持。细胞外钠离子浓度的增加会造成细胞外相对高渗而吸水外出，导致细胞收缩；反之会造成细胞膨胀，甚至破裂。颅腔内细胞容积的改变会危及生命，所以为了维护正常细胞容积必须稳定外液中的钠浓度。例如当渗压增高时，只要增加2%便会引起抗利尿激素的分泌以保水，另一方面是兴奋渴中枢引发摄水行为。

人体最基本物质之一——氨基酸

蛋白质在生命现象和生命过程中起着决定性的作用，而氨基酸则是组成蛋白质的基石。1820年，化学家布拉孔诺用酸处理肌肉组织，得到了一种白色晶体，称为亮氨酸（一种氨基酸）。肌肉是含有蛋白质的物质，上面这个实验说明了蛋白质和氨基酸的必然联系。一个相反过程的实验，即蛋白质在水解时都生成各种氨基酸，有力地证明了各种氨基酸结合在一起组成了蛋白质。

氨基酸是兼含氨基和羧基的有机化合物，主要存在于蛋白质中，一般蛋白质是由20种氨基酸组成的，它们是甘氨酸、丙氨酸、缬氨酸、亮氨酸、异亮氨酸、丝氨酸、苏氨酸、半胱氨酸、甲硫氨酸（又称蛋氨酸）、天冬氨酸、天冬酰胺、谷氨酸、谷氨酰胺、赖氨酸、精氨酸、组氨酸、苯

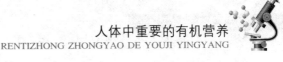

丙氨酸、酪氨酸、色氨酸、脯氨酸。在这 20 种氨基酸中，人体不能合成的是赖氨酸、甲硫氨酸、亮氨酸、异亮氨酸、缬氨酸、苏氨酸、苯丙氨酸和色氨酸，这些人体不能合成的、必须由外界供给（即必须从食物中摄取）以满足人体代谢需要的氨基酸称为必需氨基酸，共有 8 种。另外，人体虽然能够合成精氨酸和组氨酸，但合成的能力差，所合成的精氨酸和组氨酸不能满足人体的需要，因此也必须由外界供给，精氨酸和组氨酸称为半必需氨基酸。除了 8 种必需氨基酸和 2 种半必需氨基酸之外，其他的都称为非必需氨基酸。成人必需氨基酸的需要量约为蛋白质需要量的 20% ~ 37%。

除了上述常见的 20 种氨基酸之外，到目前为止，已发现的天然氨基酸有 700 多种，其中 240 多种以游离状态存在。氨基酸主要存在于蛋白质中，同时也是生物活性肽、酶和其他一些生物活性分子的重要组分，一些抗生素和细菌细胞壁也含有氨基酸。

作为构成人体的最基本的物质的蛋白质、脂类、碳水化合物、无机盐（即矿物质）、维生素、水和食物纤维，也是人体所需要的营养素。它们在机体内具有各自独特的营养功能，但在代谢过程中又密切联系，共同参加、推动和调节生命活动。机体通过食物与外界联系，保持内在环境的相对恒定，并完成内外环境的统一与平衡。氨基酸在这些营养素中起什么作用呢？

1. 蛋白质在机体内的消化和吸收是通过氨基酸来完成的

作为机体内第一营养要素的蛋白质，它在食物营养中的作用是显而易见的，但它在人体内并不能直接被利用，而是通过变成氨基酸小分子后被利用的。即它在人体的胃肠道内并不直接被人体所吸收，而是在胃肠道中经过多种消化酶的作用，将高分子蛋白质分解为低分子的多肽或氨基酸后，在小肠内被吸收，沿着肝门静脉进入肝脏。一部分氨基酸在肝脏内进行分解或合成蛋白质；另一部分氨基酸继续随血液分布到各个组织器官，任其选用，合成各种特异性的组织蛋白质。在正常情况下，氨基酸进入血液中与其输出速度几乎相等，所以正常人血液中氨基酸含量相当恒定。如以氨基氮计，每百毫升血浆中含量为 4 毫克 ~ 6 毫克，每百毫升血球中含量为 6.5 毫克 ~ 9.6 毫克。饱餐蛋白质后，大量氨基酸被吸收，血中氨基酸水平暂时升高，经过 6 小时 ~ 7 小时后，含量又恢复正常。说明体内氨基酸代谢处于动态平衡，以血液氨基酸为其平衡枢纽，肝脏是血液氨基酸的重要调节器。因此，食物蛋白质经消化分解为氨基酸后被人体所吸收，抗体利用这些氨基酸再合成自身的蛋白质。人体对蛋白质的需要实际上是对氨基酸的需要。

2. 起氮平衡作用

当每日膳食中蛋白质的质和量适宜时，摄入的氮量由便和皮肤排出的氮量相等，称之为氮的总平衡。实际上是蛋白质和氨基酸之间不断合成与分解之间的平衡。正常人每日食进的蛋白质应保持在一定范围内，突然增减食入量时，机体尚能调节蛋白质的代谢量维持氮平衡。食入过量蛋白质，超出机体调节能力，平衡机制就会被破坏。完全不吃蛋白质，体内组织蛋白依然分解，持续出现负氮平衡，如不及时采取措施纠正，终将导致抗体死亡。

3. 转变为糖或脂肪

氨基酸分解代谢所产生的 a-酮酸，随着不同特性，循糖或脂的代谢途径进行代谢。a-酮酸可再合成新的氨基酸，或转变为糖或脂肪，或进入三羧循环氧化分解成 CO_2 和 H_2O，并放出能量。

4. 产生一碳单位

某些氨基酸分解代谢过程中产生含有一个碳原子的基团，包括甲基、亚甲基、甲烯基、甲快基、甲酰基及亚氨甲基等。一碳单位具有两个特点：一是不能在生物体内以游离形式存在；二是必须以四氢叶酸为载体。能生成一碳单位的氨基酸有：丝氨酸、色氨酸、组氨酸、甘氨酸。另外蛋氨酸（甲硫氨酸）可通过 S-腺苷甲硫氨酸（SAM）提供"活性甲基"（一碳单位），因此蛋氨酸也可生成一碳单位。

一碳单位的主要生理功能是作为嘌呤和嘧啶的合成原料，是氨基酸和核苷酸联系的纽带。

5. 参与构成酶、激素、部分维生素

酶的化学本质是蛋白质（氨基酸分子构成），如淀粉酶、胃蛋白酶、

胆碱脂酶、碳酸酐酶、转氨酶等。含氮激素的成分是蛋白质或其衍生物，如生长激素、促甲状腺激素、肾上腺素、胰岛素、促肠液激素等。有的维生素是由氨基酸转变或与蛋白质结合存在。酶、激素、维生素在调节生理机能，催化代谢过程中起着十分重要的作用。

一碳单位

　　一碳单位就是指具有一个碳原子的基团。指某些氨基酸分解代谢过程中产生含有一个碳原子的基团，包括甲基、亚甲基、甲烯基、甲炔基、甲酰基及亚氨甲基等。它们不能独立存在，必须以四氢叶酸为载体，从一碳单位的供体转移给一碳单位的受体，使后者增加一个碳原子。丝氨酸、甘氨酸、色氨酸和组氨酸在代谢过程中可生成一碳单位，作为供体，主要用于嘌呤核苷酸从头合成、脱氧尿苷酸 5 位甲基化合成胸苷酸以及同型半胱氨酸甲基化再生蛋氨酸。

有着广泛用途的氨基酸

　　氨基酸的功能并非仅仅在于在生物体内合成蛋白质，供动植物生存的需要，它们在工业生产中也大有用处，其中谷氨酸的钠盐即市售的味精，是一种广泛使用的调味品。蛋氨酸用做饲料添加剂。赖氨酸作为食品，特别是作为儿童食品的营养强化剂，已生产出添加赖氨酸的面包、饼干等。甘氨酸、天冬氨酸、苯丙氨酸都可用做食品工业中的甜味剂。

　　在食品工业中用量较大的氨基酸是半胱氨酸，它可做天然果汁的抗氧化剂，使果汁不易变质。半胱氨酸还能改善面包的风味和延长面包的保鲜期。在植物蛋白人造肉中，加入半胱氨酸等含硫的氨基酸，可以使人造肉具有牛肉和鸡肉的风味。色氨酸也是一种重要的营养强化剂。

用 20 种常见的氨基酸，可以配制各种医用氨基酸溶液，输液时为病人提供丰富的营养。以氨基酸为原料合成的生物活性肽，则是一种重要的药物。

由于氨基酸用途广泛，工业上发展了大量生产氨基酸的方法：

1. 提取法。利用等电点沉淀法或离子交换分离法，从蛋白质水解液中分离出各种氨基酸。

2. 发酵法。

3. 化学合成法。利用醛、氢氰酸和铵盐生产氨基酸。

4. 酶法。利用蛋白水解酶、氨基氧化酶等生产氨基酸，并进行分离。

人体不可或缺的维生素

维生素是人类和动物体生命活动所必需的一类物质，许多维生素是人体不能自身合成的，一般都必须从食物或药物中摄取。当机体从外界摄取的维生素不能满足其生命活动的需要时，就会引起新陈代谢功能的紊乱，导致生病。维生素缺乏病曾经是猖獗一时的严重疾病之一。例如，人体内维生素 C 缺乏会引起坏血病，维生素 B_1 缺乏会引起脚气病，都曾经是摧毁人类特别是海员和士兵的大敌。

但是，过量或不适当地食用维生素，甚至有些人把维生素当成补药，以致造成人体内某些维生素过多症，对身体也是有害的。因此，切莫把维生素看成是"灵丹妙药"。

到目前为止，已经发现的维生素可以分为脂溶性维生素、水溶性维生素 2 大类。在维生素刚被发现时，它们的化学结构还是未知的，因此，只能以英文字母来命名，如维生素 A、维生素 B、维生素 C。但是不久就发现，某些被认为是单一化合物的维生素原来是由多种化合物组成的，于是就产生了维生素族的命名方法。例如，原来认为维生素 B 是单一的化合物，后来知道它是多种化合物组成的，这样就需要用在维生素 B 的英文字母右下角加角标的方法来命名，这就是维生素 B_1、维生素 B_2、维生素 B_{12}、维

生素 B_5、维生素 B_6。实际上，现在每一种维生素都已经有了它的化学名称。维生素还都有俗名，但不同国家所用的俗名差别很大，很不规范。

下面是各种维生素的作用：

1. 维生素 A_1

维生素 A_1 以游离醇或酯的形式存在于人体内。人体所需的维生素 A_1，大部分来自于动物性食物。在动物脂肪、蛋白、乳汁、肝中，维生素 A_1 的含量丰富。植物界中虽然不存在维生素 A_1，但维生素 A_1 的前体却广泛分布于植物界，它就是 β - 胡萝卜素。植物性食物中的 β - 胡萝卜素在肠壁内能转变为维生素 A_1，因此含 β - 胡萝卜素的植物性食物也是人体所需维生素 A_1 的来源之一。

维生素 A_1 缺乏导致夜盲症。维生素 A_1 影响许多细胞内的新陈代谢过程，在视网膜的视觉反应中具有特殊的作用，而维生素 A_1 醛（视黄醛）在视觉过程中起着重要的作用。视网膜中有感强光和感弱光的两种细胞，感弱光的细胞中含有一种色素，叫做视紫红质。它是在黑暗的环境中由顺视黄醛和视蛋白结合而成的，在遇光时则会分解成反视黄醛和视蛋白，并引起神经冲动，传入中枢神经产生视觉。视黄醛在体内不断地被消耗，需要维生素 A_1 加以补充。如果体内缺少维生素 A_1，合成的视紫红质就会减少，使人在弱光中的视力减退，这就是产生夜盲症的原因，所以维生素 A_1 可用于治疗夜盲症，我国民间很早就用羊肝治疗"雀目"（夜盲症）的例子。

维生素 A_1 还与上皮细胞的正常结构和功能有关，维生素 A_1 的缺乏还会引起皮肤干燥和鳞片状脱落以及毛发稀少，呼吸道的多重感染，消化道感染和吸收能力低下。人体每天对维生素 A_1 的需要量为：成人（男）1 000微克，成人（女）800微克，儿童（1～9岁）400微克～700微克。如果提供的是动物性食物中所含的维生素 A_1，数量可略低；如果提供的是植物性食物中所含的 β - 胡萝卜素，则数量要略高。

2. 维生素 B_1

酵母和谷物的果皮及胚中，维生素 B_1 的含量很高。实际上，一切植物和动物组织中都存在维生素 B_1。维生素 B_1 为无色片状固体，248℃分解，能溶于水和乙醇,在酸性溶液中比较稳定,在碱性溶液中分解为硫色素,也容易被紫外线破坏。

临床上使用的维生素 B_1 是用人工方法合成的。另外还有 2 种维生素 B_1 的制剂:①新维生素 B_1,也称丙硫硫胺,比维生素 B_1 更容易被人体吸收;②呋喃硫胺,它在人体内不容易被硫胺分解酶分解掉,所以能在人体内存在较长的时间,成为一种长效的维生素。

哺乳动物消化道中的细菌能合成少量维生素 B_1,但在大多数情况下,哺乳动物几乎完全依靠食物中的维生素 B_1。某些鱼(如鲤鱼)体内有一种能分解维生素 B_1 的酶,称为硫胺素酶,因此,在那些吃大量生鱼的国家(如日本),人也可能发生维生素 B_1 缺乏症。

维生素 B_1 分布在人体的各种组织中,在肝、脑、肾和心脏中的量较多。缺乏维生素 B_1 会导致很多特征性的精神状态,包括抑郁、易激动、不能集中注意力和记忆力衰退等,也会使末梢神经系统发生变化,包括小腿肌肉触痛、部分麻木,肌肉(特别是下肢的肌肉)无力,感觉过敏。一般的维生素 B_1 缺乏症是全身无力,体重减轻,食欲缺乏和反胃等。花生含有丰富的维生素 B_1。

严重缺乏维生素 B_1 会引起脚气病,包括干燥型脚气病、心脏水肿型脚气病、湿型脚气病、大脑型脚气病。维生素 B_1 是治疗脚气病的最好药物,由于米糠中的维生素 B_1 含量特别高,因此多吃糙米,少吃或不吃精米,有助于增加体内的维生素 B_1,防止脚气病。维生素 B_1 还具有助消化的功能,它是胆碱酯酶的抑制剂,使乙酰胆碱不被水解,让乙酰胆碱发挥其增加胃肠蠕动和腺体分泌的作用。人体每天的维生素 B_1 需要量为:成人(男子)1.2 毫克~1.6 毫克,成人(妇女)1.0 毫克~1.2 毫克,儿童(1 岁~9 岁)0.4 毫克~1.1 毫克。当工作紧张和劳动量加大时,就需要增加膳食中维生素 B_1 的摄入量。

3. 维生素 B_2

维生素 B_2 存在于绿色蔬菜、黄豆、稻谷、小麦、酵母、肝、心和乳类中,最早是从乳中分离出来的。维生素 B_2 为橘黄色针状晶体,在 278℃ ~ 282℃温度下分解,微溶于水,溶于乙醇、乙酸,在一般温度下,黄豆芽含

有丰富的维生素 B_2，对热稳定，在酸性溶液中也稳定，但在碱性溶液中或者暴露在可见光或紫外线下则是不稳定的。

黄 豆

在人体中，维生素 B_2 对于机体生长和生命活动都是很重要的。缺乏维生素 B_2 的早期症状一般表现为口和眼部位的疾病，嘴唇、口腔和舌头感到疼痛，并伴随着吃食和吞咽的困难。眼的病症包括畏光、流泪、眼睛发红和发痒、视觉疲劳、眼睑痉挛。嘴唇的病症，开始时为嘴角苍白和浸软，或者沿着闭合线出现干红和剥蚀，严重缺乏维生素 B_2 时，可发生溃烂，嘴角出现裂缝，称为唇损害。人体每天对维生素 B_2 的需要量为：成人（男）1.2 毫克~1.4 毫克，成人（妇女）1.1 毫克~1.3 毫克，儿童（1 岁~9岁）0.6 毫克~1.5 毫克。

4. 维生素 B_6

维生素 B_6 广泛存在于所有的动物和植物组织内，但浓度比较低。维生素 B_6 是无色晶体，可溶于水和乙醇，加热时稳定，但可被碱和紫外线分解。维生素 B_6 对神经活动有抑制作用，所以当缺乏维生素 B_6 时，会导致头痛、失眠甚至发生惊厥。维生素 B_6 的缺乏还会引起胃口不好、消化不良、呕吐或腹泻。

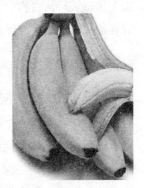

含有丰富的维生素 B_6

人体需要的维生素 B_6 较少，成人每日的需要量为 2 毫克左右，婴儿为 0.4 毫克左右，一般食物中已可提供。

5. 维生素 B_{12}

维生素 B_{12} 存在于肝、酵母、肉类和鱼类中，主要来源于动物性食物，

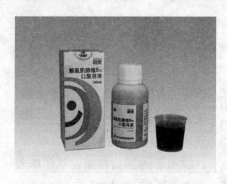

维生素 B_{12} 口服液

它在植物中的含量十分少，在高等植物中几乎完全没有维生素 B_{12}。维生素 B_{12} 是红色针状晶体，容易吸水，在空气中放置后约可吸收 12% 的水，但吸水后变得很稳定。它能溶于水和乙醇，在强酸、强碱作用下以及光照时是不稳定的。

维生素 B_{12} 是一种非常复杂的有机化合物，美国化学家伍德沃德于1973 年完成了人工合成维生素 B_{12} 的艰巨任务。在工业上，可用放线菌（如灰链霉菌）大量合成维生素 B_{12}。维生素 B_{12} 对人体内合成蛋氨酸（一种氨基酸）起着重要的作用，蛋氨酸是合成蛋白质不可缺少的成分。维生素 B_{12} 在人体新陈代谢中的一个重要功能是保持一些酶中的硫氢基处于还原状态。缺乏维生素 B_{12} 时，糖的代谢被降低，也影响脂类的代谢。

人体内维生素 B_{12} 的平均含量为 2 毫克 ~5 毫克，其中 50% ~90% 贮存在肝脏内，在机体需要时，将维生素 B_{12} 释放到血液中，形成红细胞。因此，缺乏维生素 B_{12}，会导致恶性贫血。人体每天约需 1 微克维生素 B_{12}，而人体每天可从食物中摄取 2 微克维生素 B_{12}，因此可以保证正常需要。只有在治疗贫血症、神经炎时，才需要维生素 B_{12} 的药剂。

6. 维生素 B_5

维生素 B_5 存在于所有的动物和植物组织中，含量丰富的是酵母和肝脏，每 100 克酵母中含 20 毫克维生素 B_5，每 100 克肝脏中含 8 毫克维生素 B_5。维生素 B_5 对于胆固醇的合成、肾上腺的功能有明显的促进作用。缺乏维生素 B_5 会得脚灼热综合征，这是发生在低营养人群中的疾病。维生素 B_5 还可治疗褥疮、静脉曲张性溃疡和麻痹性肠塞。

7. 维生素 C

维生素 C 以很高的浓度广泛存在于柑橘属水果和绿色蔬菜中，而各种新鲜蔬菜和水果中也都含有维生素 C，但它只存在于植物组织内，而不存

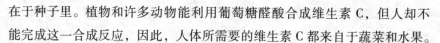

在于种子里。植物和许多动物能利用葡萄糖醛酸合成维生素 C，但人却不能完成这一合成反应，因此，人体所需要的维生素 C 都来自于蔬菜和水果。

维生素 C 是无色晶体，熔点 190℃ ~ 192℃，其溶液显酸性，并有可口的酸味。它是一种强还原剂，在水溶液中或受热情况下很容易被氧化，在碱性溶液中更容易被氧化，是一种容易被多种条件破坏的维生素。

严重缺乏维生素 C 会引起坏血病，这是一种以多处出血为特征的疾病。成年人患坏血病后，一般会依次出现疲倦、虚弱、急躁和关节疼痛等症状，然后是体重减轻、齿龈出血、龈炎和牙齿松动，接着就会发生皮下微细出血，严重时可能导致结膜、视网膜或大脑、鼻子、消化道出血。

8. 维生素 D

维生素 D 是一些抗佝偻病物质的总称，其中最重要的有 2 种：维生素 D_2 和维生素 D_3。维生素 D 比较丰富的来源是鱼的肝脏和内脏，这些肝脏的油脂中含有维生素 D_3，通常所说的"鱼肝油含有较多的维生素 D"就是这个意思。维生素 D_2 和 D_3 都是无色晶体，不溶于水，能溶于乙醇。

人的皮肤中含有 7 - 去氢胆固醇，它经过紫外线照射以后即转变成维生素 D_3，因此，多晒太阳可预防维生素 D 缺乏症。缺乏维生素 D 时，人体吸收钙和磷的能力降低，使血中的钙和磷的含量水平降低，钙和磷不能在骨骼组织中沉积，甚至骨盐也会溶解，阻碍了骨骼的生长。

成年人缺乏维生素 D 会导致骨软化病，使骨骼逐渐变得稀疏，特别是盆骨、胸骨和四肢骨变形，四肢骨的骨质变薄，会产生自发性的骨折。老年性骨疏松症常会因人体稍受创伤而发生骨折。儿童缺乏维生素 D 会得软骨病（又称佝偻病），主要症状是骨骼变形，首先是颅骨软化，包括颅骨突起，乳牙生长迟缓，胸软骨结合处

缺乏维生素 D 儿童易患软骨病

增大，脊椎变形，长骨端增大和弯曲，最后佝偻病形成弓形腿和明显的走路时呈鸭步。

在通常的气候条件下，只要接受阳光的照射，是足以能够满足成年人所需的维生素D的。只有在特殊情况下，特别是在没有阳光时，才需要从食物和鱼肝里补充维生素D。现在市售的牛奶中也添加了维生素D。儿童和老年人的每天食物中需要有400国际单位的维生素D。

9. 维生素E

维生素E存在于许多植物（如大豆、麦芽等）中，特别是一些植物油（如玉米油、葵花子油、棉籽油）中的含量尤为丰富。牛奶、奶制品的蛋黄中也含有维生素E。维生素E是淡黄色油状物，沸点$200℃ \sim 220℃$，不溶于水，溶于乙醇和脂肪。在没有空气的条件下，维生素E对热和碱都很稳定，在$100℃$以下不和酸作用。维生素E容易被空气氧化。

维生素E是动物体内的强抗氧剂，特别是脂肪的抗氧剂。在生物体内，通过维生素E和化学元素硒的共同作用，可以减少维生素A和不饱和脂肪酸的供给量。维生素E对糖、脂肪和蛋白质的代谢作用都有影响。

10. 维生素K

维生素K在自然界分布十分广泛，含量最丰富的是菠菜和洋白菜。另外，许多细菌（包括某些正常的肠道菌）能合成维生素K。维生素K对酸和热稳定，容易被碱分解，对光极为敏感，经光照射后就失去了活性。

维生素K的生理作用是在肝内控制凝血酶原的合成，并能促进某些血浆凝血因子在肝中的合成。维生素K分布于人体的各个器官，在心脏中的浓度较高，对细胞的呼吸有利。人体一般不缺乏维生素K，食物中已有足够的量，而且维生素K还能由肠道内的细菌合成，这些被肠道内细菌合成的维生素K也可被吸收和利用。

11. 维生素PP

维生素PP存在于各种食物，特别是肉、鱼和小麦中。玉米中的维生素PP是以不能被人体吸收的结合形式存在的，因此，维生素PP缺乏症主要发生在以玉米为主食的地区。维生素PP是白色晶体，可溶于水，对热、光、空气和碱都稳定。

维生素PP缺乏是发生糙皮病的主要因素之一。糙皮病的症状是腹泻、皮炎和痴呆，对消化道的症状首先是出现舌炎和口腔炎，同时有食欲缺乏和腹疼的症状。人体对维生素PP的每日需要量为：成人（男）16～17毫克，成

玉米中含有丰富的维生素PP

人（女）12毫克～13毫克，儿童（1岁～9岁）6毫克～14毫克。

12. 维生素M

维生素M存在于所有的绿叶蔬菜以及肝脏、肾脏中。人体缺乏维生素M会引起巨红细胞性贫血和白细胞减少，还可能引起智力退化和肠道吸收障碍。成年人每天维生素M的需要量约为400微克。

13. 维生素H

维生素H以低浓度广泛分布在所有的动植物中，在酵母、肝脏中的含量很高。维生素H是无色针状晶体，微溶于水，能溶于乙醇，对热和酸、碱都稳定。除了婴儿以外，维生素H缺乏症异常少见。婴儿缺乏维生素H所得的病症为皮脂漏皮炎和脱屑性红皮病。

知识点

夜盲症

夜盲症俗称"雀蒙眼"，是指在夜间或光线昏暗的环境下视物不清，行动困难。主要包括三类。暂时性夜盲：由于饮食中缺乏维生素

A 或因某些消化系统疾病影响维生素 A 的吸收，致使视网膜杆状细胞没有合成视紫红质的原料而造成夜盲。这种夜盲是暂时性的，只要补充维生素 A 的不足，很快就会痊愈。获得性夜盲：往往由于视网膜杆状细胞营养不良或本身的病变引起。常见于弥漫性脉络膜炎、广泛的脉络膜缺血萎缩等，这种夜盲随着有效的治疗、疾病的痊愈而逐渐改善。先天性夜盲：系先天遗传性眼病，如视网膜色素变性，杆状细胞发育不良，失去了合成视紫红质的功能，所以发生夜盲。

延伸阅读

各类维生素的发现及来源

维生素的发现是 20 世纪的伟大发现之一。

1897 年，艾克曼在爪哇发现只吃精磨的白米即可患脚气病，未经碾磨的糙米能治疗这种病。并发现可治脚气病的物质能用水或酒精提取，当时称这种物质为"水溶性 B"。1906 年证明食物中含有除蛋白质、脂类、碳水化合物、无机盐和水以外的"辅助因素"，其量很小，但为动物生长所必需。1911 年卡西米尔·冯克鉴定出在糙米中能对抗脚气病的物质是胺类（一类含氮的化合物），只是性质和在食品中的分布类似，且多数为辅酶。有的供给量须彼此平衡，如维生素 B_1、B_2 和 PP，否则可影响生理作用。维生素 B 复合体包括：泛酸、烟酸、生物素、叶酸、维生素 B_1（硫胺素）、维生素 B_2（核黄素）、吡哆醇（维生素 B_6）和氰钴胺（维生素 B_{12}）。有人也将胆碱、肌醇、对氨基苯酸（对氨基苯甲酸）、肉毒碱、硫辛酸包括在 B 复合体内。

维生素 A，抗干眼病维生素，亦称美容维生素，脂溶性。在 1912 年到 1914 年之间被发现。它不是单一的化合物，而是一系列视黄醇的衍生物（视黄醇亦被译作维生素 A 醇、松香油），别称抗干眼病维生素。多存在于鱼肝油、动物肝脏、绿色蔬菜，缺少维生素 A 易患夜盲症。

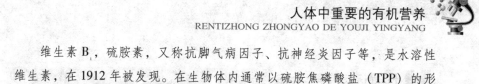

维生素 B_1，硫胺素，又称抗脚气病因子、抗神经炎因子等，是水溶性维生素，在1912年被发现。在生物体内通常以硫胺焦磷酸盐（TPP）的形式存在。多存在于酵母、谷物、肝脏、大豆、肉类。

维生素 B_2，核黄素，水溶性。在1926年被发现。也被称为维生素G，多存在于酵母、肝脏、蔬菜、蛋类。缺少维生素 B_2 易患口舌炎症（口腔溃疡）等。

维生素PP，水溶性。在1937年被发现。包括尼克酸（烟酸）和尼克酰胺（烟酰胺）两种物质，均属于吡啶衍生物。多存在于菸碱酸、尼古丁酸酵母、谷物、肝脏、米糠。

维生素 B_5，泛酸，水溶性。在1933年被发现，多存在于酵母、谷物、肝脏、蔬菜。

维生素 B_6，吡哆醇类，水溶性。在1934年被发现。包括吡哆醇、吡哆醛及吡哆胺。多存在于酵母、谷物、肝脏、蛋类、乳制品。

生物素，也被称为维生素H或辅酶R，水溶性。多存在于酵母、肝脏、谷物。

维生素 B_{12}，氰钴胺素，水溶性。在1948年被发现，也被称为氰钴胺或辅酶 B_{12}。多存在于肝脏、鱼肉、肉类、蛋类。

维生素C，抗坏血酸，水溶性。在1747年被发现。亦称为抗坏血酸，多存在于新鲜蔬菜、水果。

维生素D，钙化醇，脂溶性。在1922年被发现。亦称为骨化醇、抗佝偻病维生素，主要有维生素 D_2 即麦角钙化醇和维生素 D_3 即胆钙化醇。这是唯一一种人体可以少量合成的维生素。多存在于鱼肝油、蛋黄、乳制品、酵母。

维生素E，生育酚脂溶性。在1922年被发现。多存在于鸡蛋、肝脏、鱼类、植物油。

维生素K，萘醌类，脂溶性。在1929年被发现。是一系列萘醌的衍生物的统称，主要有天然的来自植物的维生素 K_1、来自动物的维生素 K_2 以及人工合成的维生素 K_3 和维生素 K_4。又被称为凝血维生素。多存在于菠菜、苜蓿、白菜、肝脏。

均衡营养是关键

当我们了解到，糖、脂肪、氨基酸、蛋白质、维生素、常量元素和微量元素是人体必需的营养物质之后，必然会提出这样的问题：我们从哪里获得这些营养呢？

随着农、林、牧、副、渔业的发展，为人们提供了丰富多彩的食物，里面包含了各种各样的营养物质。我们每天吃的粮食、鱼、肉、蛋、奶、蔬菜和水果中都含有各种各样的微量元素，加在一起也可称得上品种齐全，只要把各种食物搭配得好，人体便不会缺少微量元素。所以，摄取和加强营养的最佳途径是：①选择新鲜食物；②达到平衡膳食。

从新鲜食物中选择营养

1. 谷类的营养价值

谷类主要包括大米、小麦、大麦、玉米、小米、高粱等。谷类中所含的糖主要是淀粉，但它在发生一系列水解反应之后，最后转变为葡萄糖，容易被人体吸收和利用。

谷粒外层的蛋白质含量较高，因此，经过精加工的谷物（如精米、富强粉等），其中的蛋白质损失较多，因此不应提倡食用精米和精白面。谷类蛋白质中所含的必需氨基酸不够完全，赖氨酸、苯丙氨酸和蛋氨酸偏低，可以采用与鱼、肉、蛋或豆类进行互补和混合食用。也可采用强化的方法，往大米和面粉中添加赖氨酸。

谷物中脂肪含量不多，矿物质主要是磷和钙，但它却是维生素 B 的重要来源，这些维生素 B 大部分集中在胚芽和谷皮里，因此精米和精白面中维生素 B 只有原来含量的 10% ~ 20%，而米糠中的维生素 B 含量却很丰富，因此糙米的营养价值比白米高。

2. 豆类

豆类可分2种类型：①以含蛋白质和脂肪为主的大豆；②以含蛋白质和糖为主的各种杂豆（如绿豆、豌豆、蚕豆等）。大豆含的营养素全面而且丰富，大豆与等量的瘦猪肉相比，蛋白质为猪肉的2倍多，钙为33倍多，磷为3倍，铁为27倍。

大豆的蛋白质质量也很好，它含有人体所需的各种氨基酸，特别是赖氨酸这种在米、面等谷物中比较少的氨基酸，大豆中却比较多，所以大豆和粮食混食，通过氨基酸的互补，能显著提高粮食和大豆的营养价值。大豆含脂肪多，豆油是我国人民的主要食用油之一，含有多种人体必需的不饱和脂肪酸，尤以亚麻油酸的含量最为丰富。大豆还含有丰富的维生素 E、胡萝卜素和磷脂，对降低血中的胆固醇有益。

大豆不易被消化，因此习惯上都食用豆制品。豆浆的蛋白质利用率可达90%，含铁2.5毫克/100克，是牛奶含铁量的25倍。豆腐是我国古老的传统食品，含蛋白质和脂肪较高，蛋白质的消化率可达92%～96%，钙和镁的含量也比较高，质地柔软，不含胆固醇，对胃病、高血压症、糖尿病人更为适宜。

大豆还含有丰富的维生素 E

3. 蔬菜和水果

蔬菜和水果是维生素的宝库，几乎是维生素 C 的唯一来源，也是胡萝卜素（能在人体内转变为维生素 A）、维生素 B_2、维生素 B_1 等的重要来源，另外，蔬菜和水果中还存在着矿物质和多种多样的微量元素，还有含量不算丰富的糖、脂肪和蛋白质，营养价值是很全面的。

所有蔬菜都含维生素 C，含量最多的是辣椒。

一般来说，叶菜的维生素 C 含量都比较高。含胡萝卜素最多的菜是绿叶菜和一部分带黄色的菜，不带颜色的菜如冬瓜等的胡萝卜素含量低。维生素 B_2 在许多食物中的含量不多，因此蔬菜中所含的维生素 B_2 是其重要来源。蔬菜中含多量纤维素（粗纤维），它虽然不能被人体吸收，也没有营养价值，但它能有效地增加食物消化残渣的体积和重量，即增加粪便的体积和重量，使粪便在肠道内运行加快，并及时兴奋肠道蠕动排便，对于防治结肠疾病（如结肠溃疡、结肠癌）、动脉粥样硬化和胆石症很有好处。

水果主要含有糖、维生素、矿物质、有机酸和果胶。水果中的糖是葡萄糖、果糖和蔗糖，在人体内都转变为葡萄糖，容易被人体吸收，提供能量。水果中的维生素含量非常丰富，含量最多的是维生素 C，尤其以鲜枣、山楂、柑橘、柠檬、柚子中维生素 C 含量高。红黄色的水果，如柑橘、杏、菠萝、柿子等含有较多的胡萝卜素，在人体内能转化为维生素 A。水果中含有多种有机酸（如柠檬酸、酒石酸和苹果酸等）、果胶和纤维素，它们能增进食欲、帮助消化，果胶可以帮助排除多余的胆固醇。因此，常吃和多吃水果对人体有益。

4. 肉类

肉类可分畜肉、禽肉 2 大类。畜肉包括猪肉、牛肉、羊肉、兔肉等；禽肉包括鸡肉、鸭肉、鹅肉等。肉类的蛋白质中所含的氨基酸几乎包括全部必需氨基酸，是营养最丰富的蛋白质。肉类蛋白质的含量为 10% ~ 20%，瘦肉含蛋白质比肥肉多。瘦猪肉含蛋白质 10% ~ 17%，肥猪肉含 2.2%，瘦牛肉含 20% 左右，肥牛肉含 15.1% 左右，瘦羊肉含 17.3%，肥羊肉含 9.3%，鸡肉含 23.3%，鸭肉含 16.5%，鹅肉含 10.8%。内脏中的蛋白质含量都比较多，如猪肝、牛肝、羊肝含蛋白质 21% 左右，鸡肝、鸭肝、鹅肝含 16% ~ 18%。

肉类蛋白质是动物性蛋白，它与谷类、豆类的植物性蛋白混合食用，可互相补充，提高营养价值。

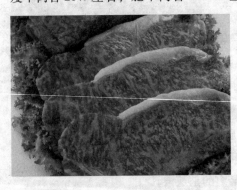

肉类脂肪

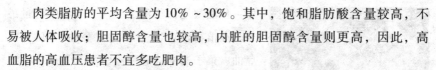

肉类脂肪的平均含量为 10% ~ 30%。其中，饱和脂肪酸含量较高，不易被人体吸收；胆固醇含量也较高，内脏的胆固醇含量则更高，因此，高血脂的高血压患者不宜多吃肥肉。

肉类中还含有维生素 B_1、维生素 B_2，肝脏中含维生素 D、维生素 B_{12}、维生素 M 等。肉类中的糖含量很低，平均为 1% ~ 5%。

5. 蛋类

蛋类是营养价值很高的食物，它的蛋白质中所含的氨基酸包括了人体所需的 8 种必需氨基酸，是品种最全的。蛋类中所含的蛋白质容易被消化和吸收，在胃内停留的时间很短，但消化率在 95% 以上。

蛋的食用部分为蛋清和蛋黄，蛋清中除水分外，几乎全为蛋白质。蛋黄则含有多种成分，有卵磷脂、蛋黄磷蛋白质、蛋黄素、胆固醇；其中胆固醇含量很高，一个鸡蛋黄中含 200 毫克 ~ 300 毫克胆固醇。蛋中还含有钙、磷、铁，维生素 A、维生素 D、维生素 B_1、维生素 B_2 等。一般来说，每人每天食用 2 个鸡蛋，所获的营养就不少了。

6. 水产类

水产类食物指鱼、虾、蟹、蛤等，特点是味道鲜美、营养丰富。鱼类含蛋白质 15% ~ 20%，蛋白质含人体所需的必需氨基酸，是优质的蛋白质。鱼肉蛋白质的组织松软，比肉类蛋白更容易被消化吸收，对于体弱者、病人、儿童和老年人特别适合。虾的蛋白质含量最高，可达 20%。

鱼类含脂肪 1% ~ 10%，但鳊鱼脂肪含量可达 15%，鲥鱼可达 17%。鱼类的脂肪主要由不饱和脂肪酸组成，质量高，容易被消化，消化率可达 95% 左右。虾、蟹、蛤的脂肪较少，为 1% ~ 3%。鱼肝的脂肪中含有极丰富的维生素 A 和维生素 D，鱼肉还含有维生素 B_1，虾和蟹中的维生素 A 较多。鱼类中含钙、磷、钾达 1% ~ 2%，比其他食物多，食后对壮骨有益。

7. 油脂

油脂是食物中重要的能量来源，尤其是进行体力劳动和体育锻炼较多时，油脂更是不可缺少的营养。在油脂中，以植物油所含的必需脂肪酸最

鱼含蛋白质

多，鱼油次之，猪油、牛油、羊油中含量最少。在植物油中，尤以向日葵油、核桃油、豆油、菜子油中的必需脂肪酸含量最多。维生素 A、维生素 D、维生素 E、维生素 K 都能溶解在油脂里，而且随同油脂一起被消化和吸收，如果食物中缺少油脂，这几种维生素的吸收就会受到很大的影响。

动物油含饱和脂肪酸多，含胆固醇也高，吃多了能使血液中胆固醇含量增高，是诱发动脉粥样硬化的重要因素之一。植物油中不饱和脂肪酸多，不含胆固醇，而且多吃植物油还有助于降低血液中胆固醇含量。花生和玉米最容易感染黄曲霉素，在温度和湿度适宜时，特别是花生霉烂时，能产生很多黄曲霉素，它对人体有毒，也可能致癌。因此食油加工部门应有足够的重视，在花生油和玉米油加工时不应混入含黄曲霉素的油料。油脂和含油食品存放时间长了会出现一股怪味，俗称"哈喇味"，这是油在氧气、热、光、微生物作用下发生氧化和分解造成的。因此，我们应该尽量吃新鲜的植物油，油应该在短时间内吃完。

油脂在反复高温加热后，部分脂肪分解为脂肪酸和甘油，进一步又会产生具有强烈刺激性的丙烯醛、烃等，它们能刺激胃肠黏膜。所以用于炸食物的油不能多次反复高温使用，而且不能用存放时间过长的油。

8. 乳和乳制品

牛奶的组成受品种、牛的年龄、季节和饲料等的变动，成分有所变化，其中脂肪含量变化大，蛋白质次之，乳糖的含量则很少变化。在牛奶中，蛋白质总含量为 2.7% ~3.3%，其中酪蛋白占 78%，白蛋白占 10%，球蛋白占 6%，其他低分子蛋白占 6%。牛奶中含脂肪 3% ~5%，其中 97% ~98% 为甘油三酸酯，呈微粒状分散在奶中，因此牛奶是一种乳浊液。牛奶中乳糖含量 4%，还含维生素 A、维生素 D、维生素 E、维生素 K、维生素 B_1、维生素 B_2、维生素 C、维生素 B_6、维生素 B_{12}，以及钾、钠、钙、镁、磷、硫、氯、锰、钼、锌、碘等元素。因此牛奶可以算是营养十分全面的食物，它也是很容易被消化和吸收的。在经济发达的国家，牛奶的平均用量是很高的。

乳制品的种类比较多：①干酪。由牛奶中加入发酵剂和凝乳酶，使牛奶凝固，除去乳清，再经压制成型和发酵成熟而制成，所含的蛋白质和脂肪量为牛奶的 10 倍，容易消化和吸收。②奶油。牛奶经过离心分离后得到的稀奶油，再经杀菌、搅拌、压炼而制成。脂肪含量在 80% 以上。③炼乳。由牛奶浓缩而成。④奶粉。将牛奶经干燥而制成的粉末状产品。

奶　油

奶油或称淇淋、激凌、克林姆，是从牛奶、羊奶中提取的黄色或白色脂肪性半固体食品。它是由未均质化之前的生牛乳顶层的牛奶脂肪含量较高的一层制得的乳制品。

因为生牛乳静置一段时间之后，密度较低的脂肪便会浮升到顶层。在工业化制作程序中，这一步骤通常通被分离器离心机完成。在许多国家，奶油都是根据其脂肪含量的不同分为不同的等级。奶油也可以通过干燥制成粉，以运输到遥远的市场。

人造奶油

日常生活中的乳制品，除了牛奶和奶酪之外，常见的还有奶油和黄油。很多人并不清楚它们之间的关系，以及在营养上有什么区别。

很多人以为，蛋糕房里用来制作蛋糕的就是奶油，其实是错误的。这种"鲜奶油"根本与奶油无关，它的主要成分是植物奶精，实际上是氢化植物油、淀粉水解物、一些蛋白质成分和其他食品添加剂的混合物。氢化植物油含有"反式脂肪酸",大量食用对心脏具有一定的危害,这在国际上已经形成共识,所以平时应尽量少吃。

奶油和黄油都是以全脂鲜奶为原料的。奶油也叫做稀奶油,它是在对全脂奶的分离中得到的。分离的过程中,牛奶中的脂肪因为比重的不同,质量轻的脂肪球就会浮在上层,成为奶油。奶油中的脂肪含量仅为全脂牛奶的20%—30%,营养价值介于全脂牛奶和黄油之间,平时可用来添加于咖啡和茶中,也可用来制作甜点和糖果。

对牛奶或稀奶油进行剧烈的搅动,使乳脂肪球的蛋白质膜发生破裂,乳脂肪便从小球中流出。失去了蛋白质的保护后,脂肪和水发生分离,它们慢慢上浮,聚集在一起,变为淡黄色。这时候,分离上层脂肪,加盐并压榨除去水分,便成为日常食用的黄油,也叫"白脱"。

其衍生产品有:1. 黄油。奶油经过一次提炼,可以分为黄油和乳清,可以通过手工和机器两种方式进行这样的提炼。2. 生奶油。利用奶油与空气的作用,将奶油提炼为脂肪含量30%左右的奶油,此时的液态奶酪会变成柔软的固态。现代工业中也会使用一氧化二氮来制作生奶油。3. 酸奶油。酸奶油在美国极受欢迎。酸奶油是通过细菌的作用,对奶油进行发酵,使其乳酸的含量在0.5%左右。

合理安排膳食结构

在我们能获得的食物中,可以说没有任何一种食物能够含有人体所需的所有营养素,人只吃单一品种的食物是不能维持身体健康的,我们必须把不同的食物搭配起来食用。

我们提倡平衡膳食,就是要求膳食提供的各种营养素不但要充足,而且营养素之间要保持合理的比例关系。另外,还要根据年龄大小、气候等特点选择膳食,并且安排合理的膳食制度。

主、副食搭配

主食的作用是供给人体热能。对我国来说,主食主要是粮食。

粮食的种类很多，它们所含的营养素也互不相同，最好做到多品种和粗细粮搭配，以提高营养价值。例如小米和面粉的赖氨酸含量最少，而白薯和马铃薯的赖氨酸则较多；小米中的色氨酸较多。又如精米和白面好吃，但米和小麦中所含的维生素（如维生素 B_1）、矿物质和粗纤维等都存在于种子的皮层和胚内，碾磨得越精越白，营养素损失得越多，所以"食不厌精"的说法实在不可取。

按照多品种、粗细搭配、少吃精米白面的原则选择主食，对于健康肯定是有益的。

随着人民生活水平的日益提高，在我们的餐桌上，副食大大地丰富起来。但是，挑选什么副食，应该说最重要的标准是全面，必须把鱼、肉、蛋、奶、蔬菜、豆类、水果搭配起来，才能谈得上全面营养。

荤素搭配

这个道理人人皆懂，要做起来就不怎么容易了。许多动物性食物（荤菜）是酸性的，若只吃鱼、肉，就会使人体内酸性物质过多，造成人体内酸碱失去平衡，严重的还会出现酸中毒。不少蔬菜、豆类是碱性的，正好能和动物性食物的酸性中和，使人体保持酸碱平衡。

荤素搭配

动物性食物中蛋白质、脂肪含量高，相对来说，维生素含量少，尤其是维生素 C 更是特别缺乏。蔬菜和水果几乎是维生素 C 的唯一来源，还含有其他维生素和纤维素。动物性食物和植物性食物经过合理搭配，就能达到平衡膳食。

现在，人们已经逐步认识到，胖并不是健康的标志。虽然造成发胖的原因很多，但是，不少胖人都是喜欢吃肉，少吃甚至不吃蔬菜。另外，人们的副食丰富了，也不能完全靠副食来填饱肚子，因为这样做又缺少了粮食中的营养素，也达不到平衡膳食。

生熟搭配

我国人的习惯是多吃炒熟了的蔬菜，而欧美人的习惯则是蔬菜生吃。到底那一种吃法好？这还要从蔬菜的性质说起。

蔬菜中的维生素 C 和维生素 B 在受热时很容易被破坏，因此生吃新鲜蔬菜，可以摄取更多的维生素。可是，人们的习惯总是不容易改变的，因此我们在烹调蔬菜时，最好的办法是旺火急炒，尽量不要把蔬菜炒烂了。另外，新鲜蔬菜炒熟后，往往要出不少汤，很多人总是光吃菜，不喝菜汤，殊不知菜汤里溶解了很多维生素，倒掉了实在可惜。

当然，作为蔬菜的补充，多吃水果也是增加营养的好办法，人人都要养成吃水果的习惯。

一日三餐不可少

平衡膳食要求有合理的膳食制度。人一天吃几次饭，是根据人体在一天中消耗能量的需要和消化规律来确定的。在日常生活中，我们的工作、劳动、学习、娱乐和体育锻炼以及休息都有一定的安排和规律，因此，进食也应该和这些规律相适应，才能使食物释放的能量和所含的营养及时满足人体的需要。

一日三餐是有科学根据的，而"早上吃得饱、中午吃得好、晚上吃得少"则是有益的经验之谈。胃肠的消化能力有一定的限度，超过这个限度，不但食物不能充分消化和吸收，而且会增加胃肠的负担，对胃肠有损害。一般混合的食物在胃中停留时间约为 4 小时 ~ 5 小时，因此以每天吃三顿饭的间隔时间为适宜。

"一日三餐"看起来不难做到，可是，例外的却大有人在。有一种人没有吃早饭的习惯，他不了解早点对于身体健康和提高工作效率是大有好处的。食物经过一夜消化，胃内食物基本排空，如果得不到补充，其后果是可想而知的。还有一些人是"中午吃得差，晚上吃得好"。当然，不少人受到条件的限制，中午没有足够的时间做饭，于是就凑合着填饱肚子，甚至拿方便面充饥，天长日久肯定对健康有害，而且会降低下午的工作效率。

还有一些人，下班回家以后，有了足够的时间，于是做上一顿丰盛的晚

餐，而且晚餐的时间很晚，与午餐间隔的时间特别长。这样做也不符合科学，因为晚餐以后，稍做娱乐和休息以后，就要进入睡眠时间，如果把一天所需要的丰富的营养都集中在这个时间吃进去，就不符合胃肠消化的规律了。

因此，每一个人都要根据个人的条件安排一日三餐，但是，"早上吃得饱，中午吃得好，晚上吃得少"这个原则应该坚持。

四季膳食调配

一年四季气候（特别是气温）的变化对于人体生理活动有一定的影响。天气炎热时，人体受内热和外热的影响，皮肤血管舒张，汗分泌增加，呼吸加快，应注意散热；天气寒冷时，又要保持体温，使体内产生热量。四季的膳食安排就要有所变化。

冬季蔬菜的品种比较少，人体摄取的维生素不足，因此在春季应多吃新鲜蔬菜，特别是绿叶菜。夏天气温升高，天气炎热，人的食欲降低，消化力减弱，可适当减少肉类，多吃鱼、蛋、豆制品以及凉拌菜、水果等，还要吃一些杀菌的蒜、芥末。秋季逐渐凉爽，食欲提高，因此各种食物都要搭配着吃，以增加营养，包括鱼、肉、蛋、豆类、蔬菜、水果等。冬季气温下降，人的代谢作用加大，为了防御风寒，可多增加鱼、肉、蛋，应该注意的是冬季的蔬菜虽然少，但也必须保持足够的量，不能造成维生素 C 等的不足。

根据年龄安排膳食

儿童的生长发育迅速，活动较多，新陈代谢和肌肉活动所消耗的热能较高，如果缺乏营养素，就会影响儿童的生长发育，轻者发育迟缓，重者引起营养缺乏症，例如由缺乏维生素 A 引起的眼干燥症。儿童期力求营养全面，切忌偏食或多吃零食，不吃有刺激性和不易消化的膳食，牛奶或豆浆以及鸡蛋、水果是必需的食物。

青少年时期，各种器官逐渐发育成熟，是一生中长身体的最重要的时期，因此食欲大振，必须供给足够的热量，要有全面的营养。正在发育的青少年的全身组织细胞都在增长，因此蛋白质的摄取至关重要。由于骨骼也在发育，应该供应足够的钙和磷，吃海带、虾皮一类食物。学生课程多，学习紧张，早餐一定要吃饱和吃好。如果有条件的话，可吃课间餐，这是许多营养学家的倡议。

老年人活动量减少，新陈代谢缓慢，每天从膳食中摄取的能量应比成年人低，否则有可能引起身体超重，增加心脏负担。老年人应控制甜食，少吃葡萄糖、蔗糖，以免患糖尿病。对于蛋白质质量要求也比较高，应多吃牛奶、鸡蛋、鱼虾、瘦肉，少吃脂肪和胆固醇含量高的食物，如动物内脏、黄油、墨鱼、鱿鱼以及动物油。老年人缺钙容易发生骨骼脱钙和骨质疏松症，要多从奶类和豆类摄取钙。维生素对老年人很重要，因此多吃蔬菜和水果也是保健的关键。

知识点

糖尿病

糖尿病是由遗传因素、免疫功能紊乱、微生物感染及其毒素、自由基毒素、精神因素等等各种致病因子作用于机体导致胰岛功能减退、胰岛素抵抗等而引发的糖、蛋白质、脂肪、水和电解质等一系列代谢紊乱综合征，临床上以高血糖为主要特点，典型病例可出现多尿、多饮、多食、消瘦等表现，即"三多一少"症状，糖尿病（血糖）一旦控制不好会引发并发症，导致肾、眼、足等部位的衰竭病变，且无法治愈。

糖尿病分1型糖尿病、2型糖尿病、妊娠糖尿病及其他特殊类型的糖尿病。在糖尿病患者中，2型糖尿病所占的比例约为95%。

延伸阅读

糖尿病的临床表现

1. 三多一少

多食：由于大量尿糖丢失，如每日失糖500克以上，机体处于半饥饿状

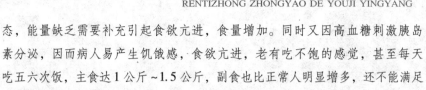
态，能量缺乏需要补充引起食欲亢进，食量增加。同时又因高血糖刺激胰岛素分泌，因而病人易产生饥饿感，食欲亢进，老有吃不饱的感觉，甚至每天吃五六次饭，主食达1公斤~1.5公斤，副食也比正常人明显增多，还不能满足食欲。

多饮：由于多尿，水分丢失过多，发生细胞内脱水，刺激口渴中枢，出现烦渴多饮，饮水量和饮水次数都增多，以此补充水分。排尿越多，饮水也越多，形成正比关系。

多尿：尿量增多，每昼夜尿量达3 000毫升~5 000毫升，最高可达10 000毫升以上。排尿次数也增多，一二个小时就可能小便1次，有的病人甚至每昼夜可达30余次。糖尿病人血糖浓度增高，体内不能被充分利用，特别是肾小球滤出而不能完全被肾小管重吸收，以致形成渗透性利尿，出现多尿。血糖越高，排出的尿糖越多，尿量也越多。

体重减少：由于胰岛素不足，机体不能充分利用葡萄糖，使脂肪和蛋白质分解加速来补充能量和热量。其结果使体内碳水化合物、脂肪及蛋白质被大量消耗，再加上水分的丢失，病人体重减轻、形体消瘦，严重者体重可下降数十斤，以致疲乏无力，精神不振。同样，病程时间越长，血糖越高；病情越重，消瘦也就越明显。

2. 糖尿病早期症状

（1）眼睛疲劳，视力下降。眼睛容易疲劳，视力急剧下降。当感到眼睛很容易疲劳，看不清东西，站起来时眼前发黑，眼皮下垂，视界变窄，看东西模糊不清，眼睛突然从远视变为近视或以前没有的老花眼现象等，要立即进行眼科检查。

（2）饥饿和多食。因体内的糖分作为尿糖排泄出去，吸收不到足够的热量维持身体的基本需求，会常常感到异常的饥饿，食量大增，但依旧饥饿如故。

（3）手脚麻痹、发抖。糖尿病人会有顽固性手脚麻痹、手脚发抖、手指活动不灵及阵痛感、剧烈的神经炎性脚痛，下肢麻痹、腰痛，不想走路，夜间小腿抽筋、眼运动神经麻痹，重视和两眼不一样清楚，还有自律神经障碍等症状，一经发现就要去医院检查，不得拖延。

➤➤ 人体中奇妙的化学反应

>>>>>

我们在吃饭时，把米饭放在嘴里多嚼一会儿，就会发现有甜味出来。米饭中的淀粉是一种多糖，在唾液淀粉酶的作用下发生水解反应，多糖转变为麦芽糖、蔗糖等有甜味的糖。科学家已经发现人体中有两千多种酶，酶是生物催化剂，每一种酶能催化一种化学反应，因此，人体内存在一个极其复杂而饶有兴趣的化学反应体系。

酶促反应一般都在温和条件下进行，在人体的新陈代谢中发挥着重要的作用。

▊▊▊ 酶是一种生物催化剂

在生物体内，存在着一类能推动新陈代谢，促使一切与生命有关的化学反应顺利进行的物质，这种物质就是酶。酶有一个十分庞大的家族，其种类繁多，目前已知约有 2 000 多种，而人体中就含有 700 多种，遍布在人的口腔、胃肠道、胰腺、肝脏、肌肉和皮肤里。

酶是生物体内产生的、能催化热力学上允许进行的化学反应的催化剂，其化学本质大多数为蛋白质。酶类似于一般催化剂，在催化反应进程中自

身不被消耗，不改变化学反应的平衡点，也不改变化学反应的方向，但能加快化学反应到达平衡点的溶解酶。酶是由生物体活细胞所产生，但酶发挥其催化作用并不局限于活细胞内，在许多情况下，细胞内产生的酶需分泌到细胞外或转移到其他组织器官中发挥作用，如胰蛋白酶、脂酶、淀粉酶等水解酶等。我们把酶所催化的反应称为酶促反应，发生化学反应前的物质称为底物，而反应后生成的物质称为产物。

酶的催化作用的发现可以追溯到很久很久以前。人类早就会利用酵母、果汁和粮食转化成酒，人们把果汁和粮食变成酒的过程叫做发酵，酵母制品被称为酵素。后来，法国物理学家德拉图尔对"酵母究竟是什么东西"发生了兴趣。于是，他用显微镜这个观察微观世界的工具观察了酵母的形状，结果他看到了酵母的繁殖过程。使他感到特别惊奇的是——酵母居然是活的。由此，科学家产生了一种新的认识——酶是活的。

除了酵母以外，其他有机体内也存在着类似发酵过程的分解反应。例如，人和某些动物的胃肠里就进行着这样的过程，从胃里分泌出来的胃液中，含有某种能加速食物分解的物质。1834年，德国科学家许旺把氯化汞加到胃液里，沉淀出一种白色粉末，再把粉末里的汞除去后，把剩下的粉末物质溶解，就能得到一种消化液，许旺把这种粉末叫做胃蛋白酶。与此同时，又有人从麦芽提取物中发现了另外一种物质，它能使淀粉转变成葡萄糖，这就是淀粉转化酶。

酶对人体的新陈代谢至关重要。在人体的新陈代谢过程中，进行着许多很复杂的化学反应。人每天都要吸进氧气，喝水，吃含有糖、脂肪、蛋白质、矿物质、维生素的食物，从肺部排出二氧化碳，从汗腺排出水分，以及排出尿、各种不能消化的东西和细菌，这些过程都伴随着各式各样的化学反应，都需要酶起作用。

迄今为止所发现的4 000多种酶中，已有2 500余种酶被鉴定过，用于生产实践的有近200种，其中半数用于临床。为便于研究和学习，科学家们已经对酶进行了命名，并加以科学分类。

1961年以前，人们根据酶作用的底物名称、反应性质及酶的来源，对酶进行了命名。如催化乳酸脱氢变为丙酮酸的酶叫乳酸脱氢酶，催化草酰乙酸脱去coz变为丙酮酸的酶叫草酰乙酸脱羧酶。此外，胃蛋白酶、细菌淀粉酶及牛胰核糖核酸酶等则是根据来源不同而命名。习惯命名法所定的名称较短，使用起来方便，也便于记忆，但这种命名法缺乏科学性和系统性，易产生"一酶多名"或"一名多酶"的现象。为此，国际生物化学协会酶学委员会于1961年提出了新的系统命名和分类原则。

该命名法规定，每种酶的名称应明确标明底物及所催化反应的特征，即酶的名称应包含2部分：前面为底物，后面为所催化反应的名称。若前面底物有2个，则2个底物都写上，并在2个底物之间用"："分开；若底物之一是水，则可略去。

国际系统命名法看起来科学而严谨，但使用起来不太方便，一般只是在鉴别一种酶或者撰写论文的时候才使用。在大多数情况下，人们还是喜欢使用简单明了的习惯名称。需指出的是，所有酶的名称均是由国际生物化学协会的专门机构审定后向全世界推荐的。其中20世纪60年代前所发现的酶，其名称基本上为过去所沿用的俗名，其后所发现的酶的名称则是根据酶学委员会制定的命名规则而拟定的。

知识点

胰　腺

　　胰腺分为外分泌腺和内分泌腺两部分。外分泌腺由腺泡和腺管组成，腺泡分泌胰液，腺管是胰液排出的通道。胰液中含有碳酸氢钠、胰蛋白酶、脂肪酶、淀粉酶等。胰液通过胰腺管排入十二指肠，有消化蛋白质、脂肪和糖的作用。内分泌腺由大小不同的细胞团——胰岛所组成，分泌胰岛素，调节糖代谢。

　　胰腺"隐居"在腹膜后，知名度远不如其近邻胃、十二指肠、肝、胆，但胰腺分泌的胰液中的好几种消化酶在食物消化过程中起着"主角"的作用，特别是对脂肪的消化。外分泌主要成分是胰液，其功能是中和胃酸，消化糖、蛋白质和脂肪。

延伸阅读

人体中的呼吸系统

人体的呼吸系统结构比较简单，主要由空气出入通路和气血交换界面构成。司气体交换的肺泡位于肺脏周边部分，承受胸壁施力于其上，呼吸气道则居中与气管相连。

胸壁和肺都是弹性组织，靠大气压力将两者对压贴拢在一起。双方的弹性回缩力在两者间形成负压（低于大气的压力）。如果双方任一侧破裂大气进入，则肺将塌陷。吸气时胸廓扩大带动肺脏扩张，肺组织的进一步伸展增加它的弹性回缩力，仅靠这个回缩力就可完成呼气运动。只有在特殊情况下才需要用力呼气。但用力呼气有其不利处：胸腔内压为正压时会压瘪一部分肺泡的气道而影响排气。

呼吸道为双向通道，空气在其中往复运动，这带来一个死腔气问题。例如一次吸入 500 毫升，真正进入肺泡实现气体交换的只是其中一部分（350 毫升），另一部分在吸气末仍滞留气道中的称死腔气（150 毫升）。在病中呼吸变浅时，死腔气占的比例还要大。双向管道形成的是盲管系统，这使进入的异物也不易排出。鼻部可截住较大颗粒，较小者在曲折气道中撞击粘附在管壁上，最小的进入终末部分也被巨噬细胞吞噬并向上运至支气管中有纤毛部位，连同这里被粘附的颗粒一同向上运，最后进入口咽，或被咽下或吐出，还有一部分被咳出。

▌▌▌ 酶的六大类别

根据各种酶所催化反应的类型，国际酶学委员会把酶分为 6 大类，即氧化还原酶类、转移酶类、水解酶类、裂解酶类、异构酶类及合成酶类。下面我们分别介绍：

1. 氧化还原酶类

氧化还原酶类是一类催化底物发生氧化还原反应的酶，包含氧化酶和脱氢酶 2 类。

（1）氧化酶类。该类酶催化底物脱氢，并氧化生成 H_2O_2 或 H_2O。

$$AH_2 + O_2 \quad A + H_2O_2$$

$$2AH_2 + O_2 \quad 2A + 2H_2O$$

上述在催化底物脱氢反应中，AH_2 表示底物，氧为氢的直接受体，其反应物脱下的氢不经载体传递，直接与氧化合生成过氧化氢或水。

（2）脱氢酶类。脱氢酶类直接催化底物脱下氢，其脱下氢的原初受体都是辅酶（或辅基）；它们从底物获得氢原子后，再经过一系列传递体的传递，最后与氧结合生成水。

$$A \cdot 2H + B \quad A + B \cdot 2H$$

氧化还原酶类中的各种酶，因各自作用的供体不同，可分为 18 个亚类。

2. 转移酶类

转移酶类是催化分子间基团转移的一类酶，即把一种分子上的某一基团转移到另一种分子上。

在转移酶类中，不少为结合酶，被转移的基团首先结合在辅酶上，然后再转移给另一受体。如催化尿嘧啶脱氧核苷酸甲基化的胸苷酸合成酶，该酶的辅酶还原态四氢叶酸从丝氨酸获得亚甲基形成携带亚甲基的四氢叶酸，后者再将该亚甲基转移至尿嘧啶脱氧核苷酸的尿嘧啶的 C_5，形成胸腺嘧啶核苷酸。

3. 水解酶类

水解酶类催化底物发生水解反应。

这类酶大部分为胞外酶，分布广泛，数量多。水解酶类均属简单酶类。所催化的反应多为不可逆，包含水解酯键、糖苷键、肽键、醚键、酸酐键及 C—N 键等 11 个亚类。常见的水解酶有淀粉酶、蛋白酶、核酸酶、脂肪酶、磷酸酯酶。

4. 裂解酶类

裂解酶类催化底物分子中 C—C（或 C—O、C—N 等）化学键断裂，并移去 1 个基团或一部分，使一个底物形成 2 个分子的产物。

这类酶催化的反应大多数是可逆的，故催化这类反应的酶又称裂合酶。如糖酵解中的醛缩酶是糖代谢中的一个重要酶，它催化 1，6 - 二磷酸果糖裂解为磷酸甘油醛和磷酸二羟丙酮。此外，还有氨基酸脱羧酶、异柠檬酸裂解酶、脱水酶、氨基酸脱氨酶等。

5. 异构酶类

异构酶类催化底物在各种同分异构体之间互变，即分子内部基团的重新排布。这种互变有顺反异构、差向异构（表异构），还有分子内部基团的转移（基团变位）、分子内的氧化还原等。如磷酸二羟丙酮异构化为 3 - 磷酸甘油醛：

$$
\begin{array}{ccc}
CH_2O\,\textcircled{p} & & CHO \\
| & \xrightarrow{\text{磷酸丙糖异构酶}} & | \\
C{=}O & \xleftarrow{} & CHOH \\
| & & | \\
CH_2OH & & CH_2O\,\textcircled{p} \\
\text{磷酸二羟丙酮} & & \text{3-磷酸甘油醛}
\end{array}
$$

异构酶类所催化的反应都是可逆反应。

6. 合成酶类

合成酶类又叫连接酶类，催化两个分子连接起来，形成一种新的分子。其反应式如下：

$$
A + B \xrightarrow[\quad\quad\quad\quad\quad\quad]{\quad ATP \quad\quad ADP+Pi \quad} A\cdot B
$$

这类酶在催化 2 个分子连接起来时，伴随着 ATP 分子中高能磷酸键的裂解，其反应不可逆。常见合成酶有丙酮酸羧化酶、谷氨酰胺合成酶、谷胱甘肽合成酶和胞苷酸合成酶等。

可逆反应

可逆反应是指在同一条件下，既能向正反应方向进行，同时又能向逆反应的方向进行的反应。绝大部分的反应都存在可逆性，一些反应在一般条件下并非可逆反应，而改变条件（如将反应物至于密闭环境中、高温反应等）则反应也是可逆的。

延伸阅读

人体代谢产物为酸性

人体代谢产物大部为酸性。不可挥发酸全由肾排出，这主要包括含硫蛋白质氧化产生的硫酸等。在体液中这些酸得到缓冲盐的缓冲，但在排出时机体却要把这些缓冲盐保留下来。这是靠小管细胞的泌酸作用和生氨作用来完成，其原料是两个代谢产物，CO 和 NH_3。小管细胞向管中泌出 H 和 NH_3，置换回 Na；小管细胞同时向血中泌出 HCO 姻，这样就保存下缓冲盐。

肾脏既是多种激素（如 ADH 和醛固酮）的靶器官，本身也是一个内分泌器官（如肾素）。除上举出者外，肾脏还制造红细胞生成素。甲状旁腺激素则直接作用于小管，促进钙但抑制磷的回吸。肾合成骨化三醇，促进肠道吸收钙和动员骨钙。这个合成过程也受甲状旁腺激素的调节；在这点上肾很像性腺等靶腺，本身分泌固醇激素而同时受多肽激素的控制。肾脏还产生前列腺素和激肽，在肾灌注压不足时它们可能通过血管扩张作用而减轻肾缺血。在这种情况下，不应给非甾体抗炎药，以免影响前列腺素的代偿作用。

肾脏疾病常表现为几组综合征。肾前综合征主要指上游血流方面的故障，如休克或肾动脉阻塞。两者均引起肾素大量代偿性分泌，但只在后者循环血量充足的情况下才引起高血压。肾后综合征指下游（尿液）方面的阻塞。只有双侧阻塞才引起少尿和氮质血症，但任一侧的阻塞均可能导致肾脏的永久性破坏。肾实质综合征则以肾小球肾炎为代表，其发病主要是免疫复合物造成的小球损伤。最后的临床表现可以小球炎症为主（血尿、高血压、氮质血症），或以肾变病为主（大量蛋白尿、水肿），或两者不同程度的组合。

酶催化的特性

酶催化的专一性

酶催化的专一性是指酶对它所催化的反应及其底物有严格的选择性，即一种酶只能催化一种或一类反应。如蛋白质、脂肪和淀粉均可被一定浓度的酸或碱水解，其中的酸碱对这三种物质的催化无选择性，而酶水解则有选择性，蛋白酶只能水解蛋白质，脂肪酶只能水解脂肪，而淀粉酶只作用于淀粉。酶催化的专一性是酶与非酶催化剂最重要的区别之一。

1. 酶专一性的类型

根据酶对底物选择的严格程度，酶的专一性可分为结构专一性和立体专一性两种主要的类型。

（1）结构专一性。根据不同酶对不同结构底物专一性程度的不同，又可分为绝对专一性和相对专一性。绝对专一性，指酶只作用于一种底物，底物分子上任何细微的改变酶都不能作用，如脲酶只能催化尿素水解。

相对专一性，指酶对底物结构的要求不是十分严格，可作用于一种以上的底物。有些具有相对专一性的酶作用于底物时，对所作用化学键两端的基团要求程度不同，对其中一个要求严格，而对另一个则要求不严，这种特性称为基团专一性（族专一性）。如 α - D - 葡萄糖苷酶，不仅要求水解 α - 糖苷键，而且 α - 糖苷键的一端必须是葡萄糖残基，而对键的另一端 R 基团要求不严。因此，凡是具有 α - D - 葡萄糖苷的化合物均可被该酶水解。

（2）立体专一性。当底物具有立体异构体时，酶只作用于其中的一个。这种专一性包括立体异构专一性和几何异构专一性。旋光异构专一性，如 L - 氨基酸氧化酶只催化 L - 氨基酸的氧化脱氨基作用，对 D - 氨基酸无作用。

$$L-氨基酸 \xrightarrow[L-氨基酸氧化酶]{H_2O+O_2} \alpha-酮酸+NH_3+H_2O_2$$

几何异构专一性，当一种底物有几何异构体时，酶只选择其中一种进行作用，如延胡索酸酶可催化延胡索酸加水生成苹果酸，而不能催化顺丁烯二酸加水。

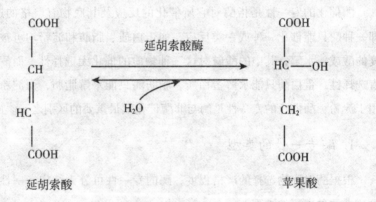

此外，对于酶的立体专一性，还表现在酶能区分从有机化学观点来看属于对称分子中的 2 个等同的基团，只催化其中的一个，而不催化另一个。如酵母醇脱氢酶在催化时，辅酶的尼克酰胺环 C_4 上只有一侧可以加氢或脱氢，另一侧则不被作用。

需要指出的是酶的专一性既表现在底物上，也表现在产物方面，即一种酶只能催化形成特定的产物。

2. 酶作用专一性的机理

酶作用的专一性问题很早就引起了科学家们的注意，并提出了多个假说来解释这种专一性。

（1）锁钥学说。1894年，德国有机化学家 Emil Fisher 发现水解糖苷的酶能区分糖苷的立体异构体。他认为酶像一把锁，底物分子或分子的一部分结构犹如钥匙一样，能专一性地插入到酶的活性中心部位，因而发生反应。这一学说曾因无法解释酶促可逆反应而受冷落。但近年来，随着对氨酰—tRNA 合成酶的研究，发现它对大量的非常相似的底物进行高精度的识别，如异亮氨酰—tRNA 合成酶选择异亮氨酸而不选择亮氨酸作为底物，于是又导致用锁钥学说来解释许多研究过程中的酶作用的专一性问题。

（2）三点附着学说。该学说认为酶具有立体专一性，对于对称分子中的2个等同的基团，其空间排布是不同的。可以被酶识别，这是由于这些基团与酶活性中心的有关基团需要达到3点都相互匹配，酶才能作用于这个底物。

以上两种学说都把酶和底物之间的关系认为是刚性的，属于刚性模板学说。它们只能解释底物与酶结合的专一性，不能解释催化的专一性。而事实上专一性应包含2层意义，即结合专一性和催化专一性，就像有的钥匙能插入锁孔中，但不一定能把锁打开。

（3）诱导契合学说。该学说的要点是：酶活性中心的结构具有柔性，即酶分子本身的结构不是固定不变的；当酶与其底物结合时，酶受到底物的诱导，其构象发生相应的改变，从而引起催化部位有关基团在空间位置上的改变，以利于酶的催化基团与底物敏感键正确地契合，形成酶-底物中间复合物。近年来各种物理、化学方法和 X 射线衍射、核磁共振、差示光谱等技术都证明了酶和底物结合时酶分子有构象的改变，从而支持了诱导契合学说。

酶催化的高效性

在生物体内，酶促反应的速率通常为无催化状态时的 10^{16} 倍，远远超过了非酶催化剂所达到的速率。如尿素在脲酶催化下的水解：

$$H_2N — \underset{\underset{O}{\|}}{C} — NH_2 \xrightleftharpoons[]{\overset{H_2O}{脲酶}} 2NH_3 + CO_2$$

常温（20℃）下，该酶促反应的速率常数为 3×10^4/秒，而无催化剂时尿素水解的速率常数为 3×10^{-10}/秒。若把两者的比值看做酶的催化能力，则脲酶的催化能力为 10^{14}。

酶活性的可调节性

酶的另一重要特征是其催化活性受到多种因素的调节控制，从而使生命活动中的各个化学反应具有有序性，这也是区别于化学催化剂的重要特征。例如，酶活性的激素调节是一类由激素通过与细胞膜或受体结合，而对某些酶的专一性进行调节的。

知识点

核磁共振

由于具有磁距的原子核在高强度磁场作用下，可吸收适宜频率的电磁辐射，而不同分子中原子核的化学环境不同，将会有不同的共振频率，产生不同的共振谱。记录这种波谱即可判断该原子在分子中所处的位置及相对数目，用于进行定量分析及分子量的测定，并对有机化合物进行结构分析。可以直接研究溶液和活细胞中分子量较小的蛋白质、核酸以及其他分子的结构，而不损伤细胞。

延伸阅读

人体也有比例关系

达·芬奇是欧洲文艺复兴时代意大利的著名画家。在长期的绘画实践和研究中，他发现并提出了一些重要的人体绘画规律：标准人体的比例为头是身高的1/8，肩宽是身高的1/4，平伸两臂的宽度等于身长，两腋的宽度与臀部宽度相等，乳房与肩胛下角在同一水平上，大腿正面厚度等于脸的厚度，跪下的高度减少1/4。达·芬奇认为，人体凡符合上述比例，就是美的。这一人体比例规律在今天仍被认为是十分有价值的。

进一步的研究发现，对称也是人体美的一个重要因素。人体的形体构造和布局，在外部形态上都是左右对称的。比如面部，以鼻梁为中线，眉、眼、颧、耳都是左右各一，两侧的嘴角和牙齿也都是对称的。身体前以胸骨、背以脊柱为中线，左右乳房、肩及四肢均属对称。倘若这种对称受到破坏，就不能给人以美感。因此，修复对称是人体美容的重要原则之一。但是，对称也是相对的，而不可能是绝对的。人体各部分假如真的绝对对称，那就会反而失去生动的美感。

关于人体美的规律最伟大的发现，是关于"黄金分割定律"的发现。所谓黄金分割定律，是指把一定长度的线条或物体分为两部分，使其中一部分对于全体之比等于其余一部分对这部分之比。这个比值是 $0.618:1$。据研究，就人体结构的整体而言，每个部位的分割无一不是遵循黄金分割定律的。如肚脐，这是身体上下部位的黄金分割点：肚脐以上的身体长度与肚脐以下的比值是 $0.618:1$。人体的局部也有3个黄金分割点。一是喉结，它所分割的咽喉至头顶与咽喉至肚脐的距离比也为 0.618∶1；二是肘关节，它到肩关节与它到中指尖之比还是 0.618∶1；此外，手的中指长度与手掌长度之比，手掌的宽度与手掌的长度之比，也是 0.618∶1。牙齿的冠长与冠宽的比值也与黄金分割的比值十分接近。因此，有人提出，如人体符合以上比值，就算得上一个标准的美男子或美女。造型艺术按照黄金分割定律来安排各个部位，确实能给人以和谐的美感。更为有趣的是，人们发现，按照黄金分割定律来安排作息时间，即每天活动 15 小时，睡眠 9 小时，是最科学的生活方式。9 小时的睡眠既有利于机体细胞、组织、器官的活动，又有利于机体各系统的协调，从而有利于机体的新陈代谢，恢复体力和精力。而这样的时间比例（15∶24 或 9∶15）大约是 0.618。

正因为黄金分割如此神奇，并在人体中表现得如此充分，因此有人把它视为人的内在审美尺度。按这种观点，任何东西只要符合黄金分割，就一定是美的。例如，我们的各种家具肯定不能都做成正方形，而几乎都要做成有一定长度比的形状，而这个比值一定与 0.618 接近。电视机的荧屏、电冰箱的开门、门窗的设计等等，无一不是有意或无意地遵循着黄金分割定律。就连舞台上报幕员所出现的位置，也大体上是在舞台全宽的 0.618 处，观众视觉形象最为美好。这种科学的奥妙竟然能在人体中得到最完美的表现，这不能不说是神奇大自然的造化。

人体中有几千种酶在作用

在生物体内的酶是具有生物活性的蛋白质，存在于生物体内的细胞和组织中，作为生物体内化学反应的催化剂，不断地进行自我更新，使生物体内极其复杂的代谢活动不断地、有条不紊地进行。

酶的催化效率特别高（高效性），比一般的化学催化剂的效率高 $10^7 \sim 10^{18}$ 倍，这就是生物体内许多化学反应很容易进行的原因之一。酶的催化具有高度的化学选择性和专一性，一种酶往往只能对某一种或某一类反应起催化作用，且酶和被催化的反应物在结构上往往有相似性。

一般在 37℃ 左右，接近中性的环境下，酶的催化效率就非常高，虽然它与一般催化剂一样，随着温度升高，活性也提高。但由于酶是蛋白质，因此温度过高，会失去活性（变性），因此酶的催化温度一般不能高于60℃，否则，酶的催化效率就会降低，甚至会失去催化作用。强酸、强碱、重金属离子、紫外线等的存在，也都会影响酶的催化作用。

　　人体内存在大量酶，结构复杂，种类繁多，到目前为止，已发现 3 000 种以上（多样性）。如米饭在口腔内咀嚼时，咀嚼时间越长，甜味越明显，是米饭中的淀粉在口腔分泌出的唾液淀粉酶的作用下，水解成葡萄糖的缘故。因此，吃饭时多咀嚼可以让食物与唾液充分混合，有利于消化。此外人体内还有胃蛋白酶，胰蛋白酶等多种水解酶。人体从食物中摄取的蛋白质，必须在胃蛋白酶等作用下，水解成氨基酸，然后再在其他酶的作用下，选择人体所需的 20 多种氨基酸，按照一定的顺序重新结合成人体所需的各种蛋白质，这其中发生了许多复杂的化学反应。可以这样说，没有酶就没有生物的新陈代谢，也就没有自然界中形形色色、丰富多彩的生物界。

　　在人体的化学反应中，上千种不同的活性细胞分子需要上千种不同的酶参与反应。酶的活动是整体性的，它们一起作为辅酶，或者一起与维生素、矿物质和微量元素作为辅助因素使身体发挥最大的效益。酶与身体的许多系统（消化系统、循环系统、神经系统、免疫系统、内分泌系统以及生殖系统）合作，帮助它们发挥作用。消化酶不会催化任何旧

食物在酶的作用下降解

的反应，每个具体的酶只能对应具体的食物酶作用物或者酶分子。蛋白酶将蛋白质转化成氨基酸，淀粉酶将碳水化合物分解成单糖，脂肪酶将脂肪分解成脂肪酸。

　　消化酶可以减轻消化道问题。肠胃气胀、恶心、身体疼痛等等可以认为是由消化不良引起的。这些可能暗示你身体酶含量不足。症状各种各样，通常很微妙。在你的饮食中，增加酶增补剂也可以防止消化引起的不适。

消化酶可以促进免疫功能。我们储备的酶越多，则免疫能力越强，就会越健康。保持身体需要的一定量的酶，可以使免疫系统在引起疾病的微生物和毒素造成危害前，发现和消灭它们。充足的酶可以照顾好身体脆弱的平衡系统。这样确保我们自身的白细胞不和我们敌对，造成自体免疫的毛病。

随着对酶研究的发展，酶在医学上的重要性越来越引起了人们的注意，应用越来越广泛。下面分 3 个方面介绍。

1. 酶与某些疾病的关系

酶缺乏所致之疾病多为先天性或遗传性，如白化病是因酪氨酸羟化酶缺乏，蚕豆病或对伯氨喹啉敏感患者是因 6 - 磷酸葡萄糖脱氢酶缺乏。许多中毒性疾病几乎都是由于某些酶被抑制所引起的。如常用的有机磷农药（如敌百虫、敌敌畏、1059 以及乐果等）中毒时，就是因它们与胆碱酯酶活性中心必需基团丝氨酸上的 1 个—OH 结合而使酶失去活性。胆碱酯酶能催化乙酰胆碱水解成胆碱和乙酸，当胆碱酯酶被抑制失活后，乙酰胆碱水解作用受抑，造成乙酰胆碱堆积，出现一系列中毒症状，如肌肉震颤、瞳孔缩小、多汗、心跳减慢等。某些金属离子引起人体中毒，则是因金属离子（如 Hg^{2+}）可与某些酶活性中心的必需基团（如半胱氨酸的—SH）结合而使酶失去活性。

2. 酶在疾病诊断上的应用

正常人体内酶活性较稳定，当人体某些器官和组织受损或发生疾病后，某些酶被释放入血、尿或体液内。如急性胰腺炎时，血清和尿中淀粉酶活性显著升高；肝炎和其他原因肝脏受损，肝细胞坏死或通透性增强，大量转氨酶释放入血，使血清转氨酶升高；心肌梗死时，血清乳酸脱氢酶和磷酸肌酸激酶明显升高；当有机磷农药中

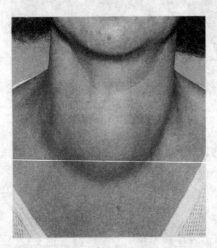

甲状腺功能亢进

毒时，胆碱酯酶活性受抑制，血清胆碱酯酶活性下降；某些肝胆疾病，特别是胆道梗阻时，血清 r - 谷氨酰移换酶增高等。因此，借助血、尿或体液内酶的活性测定，可以了解或判定某些疾病的发生和发展。

3. 酶在临床治疗上的应用

近年来，酶疗法已逐渐被人们所认识，广泛受到重视，各种酶制剂在临床上的应用越来越普遍，如胰蛋白酶、糜蛋白酶等，能催化蛋白质分解，此原理已用于外科扩创，化脓伤口净化及胸、腹腔浆膜粘连的治疗等。在血栓性静脉炎、心肌梗死、肺梗塞以及弥漫性血管内凝血等病的治疗中，可应用纤溶酶、链激酶、尿激酶等，以溶解血块，防止血栓的形成等。

一些辅酶，如辅酶 A、辅酶 Q 等，可用于脑、心、肝、肾等重要脏器的辅助治疗。另外，还利用酶的竞争性抑制的原理，合成一些化学药物，进行抑菌、杀菌和抗肿瘤等的治疗。如磺胺类药和许多抗生素能抑制某些细菌生长所必需的酶类，故有抑菌和杀菌作用；许多抗肿瘤药物能抑制细胞内与核酸或蛋白质合成有关的酶类，从而抑制瘤细胞的分化和增殖，以对抗肿瘤的生长；硫氧嘧啶可抑制碘化酶，从而影响甲状腺素的合成，故可用于治疗甲状腺功能亢进等。

知识点

白化病

白化病是一种较常见的皮肤及其附属器官黑色素缺乏所引起的疾病。这类病人通常是全身皮肤、毛发、眼睛缺乏黑色素，因此表现为眼睛视网膜无色素，虹膜和瞳孔呈现淡粉色，怕光，看东西时总是眯着眼睛。皮肤、眉毛、头发及其他体毛都呈白色或白里带黄。白化病属于家族遗传性疾病，为常染色体隐性遗传，常发生于近亲结婚的人群中。

延伸阅读

人体生物钟

1:00 人体进入浅睡阶段，易醒。此时头脑较清楚，熬夜者想睡反而睡不着。

2:00 绝大多数器官处于一天中工作最慢的状态，肝脏却在紧张工作，生血气为人体排毒。

3:00 进入深度睡眠阶段，肌肉完全放松。

4:00 "黎明前的黑暗"时刻，老年人最易发生意外。血压处于一天中最低值，糖尿病病人易出现低血糖，心脑血管患者易发生心梗等。

5:00 阳气逐渐升华，精神状态饱满。

6:00 血压开始升高，心跳逐渐加快。高血压患者得吃降压药了。

7:00 人体免疫力最强。吃完早饭，营养逐渐被人体吸收。

8:00 各项生理激素分泌旺盛，开始进入工作状态。

9:00 适合打针、手术、做体检等。此时人体气血活跃，大脑皮层兴奋，痛感降低。

10:00 工作效率最高。

10:00-11:00 属于人体的第一个黄金时段。心脏充分发挥其功能，精力充沛，不会感到疲劳。

12:00 紧张工作一上午后，需要休息。

12:00-13:00 是最佳"子午觉"时间。不宜疲劳作战，最好躺着休息半小时至一小时。

14:00 反应迟钝。易有昏昏欲睡之感，人体应激能力降低。

15:00 午饭营养吸收后逐渐被输送到全身，工作能力开始恢复。

15:00-17:00 为人体第二个黄金时段。最适宜开会、公关、接待重要客人。

16:00 血糖开始升高，有虚火者此时表现明显。阳虚、肺结核等患者的脸部最红。

17:00 工作效率达到午后时间的最高值，也适宜进行体育锻炼。

18:00 人体敏感度下降，痛觉随之再度降低。

19:00 最易发生争吵。此时是人体血压波动的晚高峰，人们的情绪最不稳定。

20:00 人体进入第三个黄金阶段。记忆力最强，大脑反应异常迅速。

20:00～21:00 适合做作业、阅读、创作、锻炼等。

22:00 适合梳洗。呼吸开始减慢，体温逐渐下降。最好在十点半泡脚后上床，能很快入睡。

23:00 阳气微弱，人体功能下降，开始逐渐进入深度睡眠，一天的疲劳开始缓解。

24:00 气血处于一天中的最低值，除了休息，不宜进行任何活动。

一种新的营养素称核酸

蛋白质、脂肪、糖类、维生素、矿物质元素、膳食纤维及水是营养学上已经认知的七种人体不可缺少的营养素。近年来，随着营养学研究向分子水平推进，核酸被认为是继蛋白质、脂肪、糖类之后人类认识和利用的一种新的有机营养素。核酸营养的浪潮从发达国家风起云涌，很快便风靡世界。

核酸最早发现于1868年，是瑞士的科学家米歇尔首次从外科绷带的肤细胞的细胞核中分离出来。后经38位获诺贝尔奖的科学巨子不断努力，使核酸的研究取得了重大进展。研究证明，核酸是一种高分子化合物，存在于生物细胞内，可以分为两大类：一类是脱氧核糖核酸（简称DNA），另一类是核糖核酸（简称RNA）；核酸呈酸性，是由许多核苷酸聚合而成的，而核苷酸又是由碱基戊糖及磷酸组成的。DNA中的戊糖是D－2－脱氧核酸，RNA中所含的戊糖是D－核糖。核酸在细胞内常常与蛋白质结合在一起，以核蛋白的形式存在。

生命的一些最根本的现象如生长、遗传、变异等都与核酸有密切关系。因此，核酸是创造生命、保护生命、延长生命的根本物质，对人体健康长寿有很重要的作用。现代营养学把核酸称做"生命之源"，核酸营养则被认为是当代营养保健的最高层次。

米歇尔

核酸广泛存在于所有动物、植物细胞、微生物内，生物体内核酸常与蛋白质结合形成核蛋白。核酸在实践应用方面有极重要的作用，现已发现近2 000种遗传性疾病都和 DNA 结构有关。如人类镰刀形红血细胞贫血症是由于患者的血红蛋白分子中一个氨基酸的遗传密码发生了改变，白化病患者则是 DNA 分子上缺乏产生促黑色素生成的酪氨酸酶的基因所致。肿瘤的发生、病毒的感染、射线对机体的作用等都与核酸有关。20 世纪 70 年代以来兴起的遗传工程，使人们可用人工方法改组 DNA，从而有可能创造出新型的生物品种。如应用遗传工程方法已能使大肠杆菌产生胰岛素、干扰素等珍贵的生化药物。

人类对核酸的研究历经了一个漫长的过程。1868 年，米歇尔从脓细胞中提取到一种富含磷元素的酸性化合物，因存在于细胞核中而将它命名为"核质"。核酸这一名词于米歇尔的发现 20 年后才被正式启用，当时已能提取不含蛋白质的核酸制品。早期的研究仅将核酸看成是细胞中的一般化学成分，没有人注意到它在生物体内有什么功能这样的重要问题。

1944 年，科学家为了寻找导致细菌转化的原因，他们发现从 S 型肺炎球菌中提取的 DNA 与 R 型肺炎球菌混合后，能使某些 R 型菌转化为 S 型菌，且转化率与 DNA 纯度呈正相关，若将 DNA 预先用 DNA 酶降解，转化就不发生。结论是 S 型菌的 DNA 将其遗传特性传给了 R 型菌，DNA 就是遗传物质。从此核酸是遗传物质的重要地位才被确立，人们把对遗传物质的注意力从蛋白质移到了核酸上。

核酸研究中划时代的工作是 Watson 和 Crick 于 1953 年创立的 DNA 双螺旋结构模型。模型的提出建立在对 DNA 下列 3 个方面认识的基础上：

1. 核酸化学研究中所获得的 DNA 化学组成及结构单元的知识，特别是 Chargaff 于 1950 年—1953 年发现的 DNA 化学组成的新事实；DNA 中 4 种碱基的比例关系为 A/T = G/C = 1。

2. X 线衍射技术对 DNA 结晶的研究中所获得的一些原子结构的最新参数。

3. 遗传学研究所积累的有关遗传信息的生物学属性的知识。

综合这三方面的知识所创立的 DNA 双螺旋结构模型，不仅阐明了 DNA 分子的结构特征，而且提出了 DNA 作为执行生物遗传功能的分子，从亲代到子代的 DNA 复制过程中，遗传信息的传递方式及高度保真性。其正确性于 1958 年被 Meselson 和 Stahl 的著名实验所证实。DNA 双螺旋结构模型的确立为遗传学进入分子水平奠定了基础，是现代分子生物学的里程碑。从此，核酸研究受到了前所未有的重视。

基　因

基因，也称遗传因子，是遗传的物质基础，是 DNA（脱氧核糖核酸）分子上具有遗传信息的特定核苷酸序列的总称，是具有遗传效应的 DNA 分子片段。

基因通过复制把遗传信息传递给下一代，使后代出现与亲代相似的性状。人类大约有几万个基因，储存着生命孕育生长、凋亡过程的全部信息，通过复制、表达、修复，完成生命繁衍、细胞分裂和蛋白质合成等重要生理过程。基因是生命的密码，记录和传递着遗传信息。生物体的生、长、病、老、死等一切生命现象都与基因有关。它同时也决定着人体健康的内在因素，与人类的健康密切相关。

基因的两个特点

基因有两个特点：一是能忠实地复制自己，以保持生物的基本特征；二是基因能够"突变"，突变绝大多数会导致疾病，另外的一小部分是非致病突变。非致病突变给自然选择带来了原始材料，使生物可以在自然选择中被选择出最适合自然的个体。

含特定遗传信息的核苷酸序列，是遗传物质的最小功能单位。除某些病毒的基因由核糖核酸（RNA）构成以外，多数生物的基因由脱氧核糖核酸（DNA）构成，并在染色体上作线状排列。基因一词通常指染色体基因。在真核生物中，由于染色体都在细胞核内，所以又称为核基因。位于线粒体和叶绿体等细胞器中的基因则称为染色体外基因、核外基因或细胞质基因，也可以分别称为线粒体基因、质粒和叶绿体基因。

在通常的二倍体的细胞或个体中，能维持配子或配子体正常功能的最低数目的一套染色体称为染色体组或基因组，一个基因组中包含一整套基因。相应的全部细胞质基因构成一个细胞质基因组，其中包括线粒体基因组和叶绿体基因组等。原核生物的基因组是一个单纯的 DNA 或 RNA 分子，因此又称为基因带，通常也称为它的染色体。

基因在染色体上的位置称为座位，每个基因都有自己特定的座位。在同源染色体上占据相同座位的不同形态的基因都称为等位基因。在自然群体中往往有一种占多数的（因此常被视为正常的）等位基因，称为野生型基因；同一座位上的其他等位基因一般都直接或间接地由野生型基因通过突变产生，相对于野生型基因，称它们为突变型基因。在二倍体的细胞或个体内有两个同源染色体，所以每一个座位上有两个等位基因。如果这两个等位基因是相同的，那么就这个基因座位来讲，这种细胞或个体称为纯合体；如果这两个等位基因是不同的，就称为杂合体。在杂合体中，两个不同的等位基因往往只表现一个基因的性状，这个基因称为显性基因，另一个基因则称为隐性基因。在二倍体的生物群体中，等位基因往往不止两个，两个以上的等位基因称为复等位基因。不过有一部分早期认为是属于复等位基因的基因，实际上并不是真正的等位，而是在功能上密切相关、在位置上又邻接的几个基因，所以把它们另称为拟等位基因。某些表型效应差异极少的复等位基因的存在很容易被忽视，通过特殊的遗传学分析可以分辨出存在于野生群体中的几个等位基因。这种从性状上难以区分的复等位基因称为同等位基因。许多编码同工酶的基因也是同等位基因。

属于同一染色体的基因构成一个连锁群。基因在染色体上的位置一般并不反映它们在生理功能上的性质和关系，但它们的位置和排列也不完全是随机的。在细菌中，编码同一生物合成途径中有关酶的一系列基因常排列在一起，构成一个操纵子；在人、果蝇和小鼠等不同的生物中，也常发现在作用上有关的几个基因排列在一起，构成一个基因复合体或基因簇或者称为一个拟等位基因系列或复合基因。

▮▮▮ 核酸比蛋白质更重要

一般人都知道，生命是蛋白质存在的形式，蛋白质是生命的基础。在发现核酸前，这句话是对的。但当核酸被发现后，应该说最本质的生命物质是核酸，或是把上述的这句话更正为蛋白体是生命的基础。按照现代生物学的观点，蛋白体是包括核酸和蛋白质的生物大分子。

核酸在生命中为什么比蛋白质更重要呢？因为生命的重要性是能自我复制，而核酸就能够自我复制。蛋白质的复制是根据核酸所发出的指令，使氨基酸根据其指定的种类进行合成，然后再按指定的顺序排列成所需要复制的蛋白质。世界上各种有生命的物质都含有蛋白体，蛋白体中有核酸和蛋白质，至今还没有发现有蛋白质而没有核酸的生命。但在有生命的病毒研究中，却发现病毒以核酸为主体，蛋白质和脂肪以及脂蛋白等只不过充做其外壳，作为与外界环境的界限而已。当它钻入寄生细胞繁殖子代时，把外壳留在细胞外，只有核酸进入细胞内，并使细胞在核酸控制下为其合成子代的病毒。这种现象，美国科学家比喻为人和汽车的关系。即把核酸比为人，蛋白质比做汽车，人驾驶汽车到处跑，外表上看，人车一体是有生命运动的东西，而真正的生命是人，汽车只是由人制造的载人的外壳。近来科学家还发现了一种类病毒，是能繁殖子代的有生命物体，其中只有核酸而没蛋白质，可见核酸是真正的生命物质。

因此我国 1996 年最新出版的《人体生理学》改变了旧教科书中只提蛋白质是生命基础的缺陷，明确提出："蛋白质和核酸是一切生命活动的物质基础"。可以说，没有核酸，就没有蛋白，也就没有生命。然而遗憾的是，从目前的分析来看，人类无法从食物中直接摄取核酸；人体细胞内的核酸都是自己合成的。服用核酸对人体而言根本毫无营养价值；相反，有研究发现，过度摄入核酸会造成肾结石等疾病。

1. 核酸是遗传的物质基础

遗传是生命的特征之一，而 DNA 则是生物遗传信息的携带者和传递

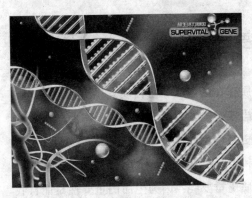

DNA 分子结构图

者，即某种生物的形态结构和生理特征都是通过亲代 DNA 传给子代的。DNA 大分子中载有某种遗传信息的片段就是基因，它是由四种特定的核苷酸按一定顺序排列而成的，它决定着生物的遗传性状。在新生命形成时的细胞分裂过程中，DNA 按照自己的结构精确复制，将遗传信息（核苷酸的特定排列顺序）一代一代传下去，延绵着生物体的遗传特征。

众所周知，蛋白质是构成人体的重要结构物质，又是酶的基本组成部分，是生命的基础物质，蛋白质的合成则是生命活动的基本过程。而蛋白质在细胞的合成却离不开核酸，即 DNA 所携带的遗传信息指导蛋白质的合成，RNA 则根据 DNA 的信息完成蛋白质的合成，其过程可简单表示为 DNA 转录 RNA 翻译蛋白质。也就是说，有了一定结构的 DNA，才能产生一定结构的蛋白质，有一定结构的蛋白质，才有生物体的一定形态和生理特征。

人体中总固体量的45%是蛋白质构成的，所以说，核酸是制造人体的基础。人从出生到死亡，核酸起着支配和维持生命的作用，地球上的所有生物都要靠核酸来延续生命。人是由细胞构成的，每个人大约有60亿个细胞，每个细胞中都含有核酸。细胞的核心——细胞核的主要成分是 DNA，RNA 是细胞质的组成成分之一。因此，核酸是生命的基础物质。

2. 疾病与核酸缺乏有关

人体的细胞每天都有老细胞死亡，也有新细胞诞生，这种细胞交换的状态即称之为新陈代谢。新陈代谢能力越强，标志着身体越健康。主宰细胞新陈代谢的物质就是核酸。若核酸缺乏，会导致基因受损，进而引发各种疾病，小至我们日常生活中可自觉的小异常，大至患有重大疾病。特别是中老年人，随着年龄的增长，合成核酸的能力下降，加之许多不尽合理的饮食习惯，致使体内核酸不足，蛋白质合成显著降低，许多酶的含量和活力出现异常，造成人体过早衰老，各种疾病便趁虚而入。核酸不足出现的症状包括以下三方面：

（1）细胞分裂、增殖速度减慢，导致人体器官老化。如表皮基底细胞分裂减缓，出现皮肤干燥、粗糙、松弛；消化器官黏膜或绒毛上皮细胞的再生能力变慢，胃肠老化，消化吸收功能降低，出现腹泻，便秘等；骨髓造血功能降低，出现贫血、白血球减少等症状。

（2）遗传基因受损，新陈代谢水平降低，使人体对疾病的抵抗力和免疫力减弱，造成致癌的危险性高，心、脑血管疾病及糖尿病的发病率增加。

（3）神经系统机能异常，导致记忆力减退，老年痴呆症。帕金森氏症、突出性耳聋、癫痫及其它神经系统疾病的发生。

皮　肤

皮肤指身体表面包在肌肉外面的组织，是人体最大的器官，主要

人体中神奇的化学
RENTI ZHONG SHENQI DE HUAXUE

承担着保护身体、排汗、感觉冷热和压力的功能。皮肤覆盖全身，它使体内各种组织和器官免受物理性、机械性、化学性和病原微生物性的侵袭。人和高等动物的皮肤由表皮、真皮、皮下组织三层组成。

人体皮肤总重量占体重的 5% ~15%，总面积为 1.5 平方米~2 平方米，厚度因人或因部位而异，为 0.5 毫米~4 毫米。皮肤具有两个方面的屏障作用：一方面防止体内水分，电解质和其他物质丢失；另一方面阻止外界有害物质的侵入。保持着人体内环境的稳定上，在生理上起着重要的保护功能，同时皮肤也参与人体的代谢过程。皮肤有几种颜色（白、黄、红、棕、黑色等），主要因人种、年龄及部位不同而异。

延伸阅读

核酸的神奇作用

1997 年，美国医学博士富兰克林进行了大范围的核酸代谢疗法实验，结果显示：通过对人体补充核酸，使一大批中老年人青春焕发，活力倍增；使一大批中青年妇女斑除皱消，皮肤重新润泽起来，其神奇的功效震撼了全世界。研究证明，补充核酸，可调节人体营养平衡，具有保健益智、延缓衰老、防病治病的作用，特别是对以下三种疾病的预防和治疗有显著的作用。

心脑血管疾病是老年人常见病和多发病，目前常规治疗手段及常规药物很难彻底治愈。补充核酸营养，可活化细胞，提高机体的代谢功能，使蛋白质的合成能力提高，增强酶的活力，有利于受损基因的修复。同时可增加血管弹性，促进微循环，恢复或改善血液的正常组分，降低血脂含量，激活纤维蛋白使心脑血管病人得以康复。

糖尿病被称为继肿瘤、心脑血管疾病之后威胁人类健康的第三杀手，全世界有 12 亿糖尿病人，我国的糖尿病人近 5 000 万人。目前医学家提出，糖尿病与基因受损有关。所以，通过补充核酸，修复受损基因，可恢复胰

神秘化学世界 **164**

腺细胞的正常功能，为调节血糖创造了条件，起到了对糖尿病的预防和治疗作用。

老年痴呆症形成的主要原因是脑细胞部分坏死，导致脑细胞减少，脑机能降低。虽然成年之后脑细胞不再分裂，但核酸可以扩张末梢血管，促进大脑血液循环，从而在很大程度上抑制脑机能降低，预防痴呆症。

综上所述，核酸与人体的物质代谢关系密切，它的神奇作用已为世人所瞩目。世界卫生组织向全世界建议，成年人每天需要补充外源核酸1g－2g。人们特别是中老年人在日常饮食中要科学地、有意识地多食富含核酸的食品。核酸存在于细胞核内，可以从食物中获取和补充。但传统中认为营养丰富的食物不一定含有多量的核酸。如水果、蔬菜，大多核酸不足，豆类则核酸丰富。动物性食物中，牛奶和鸡蛋几乎不含核酸，海产品、母鸡肉和奶牛肉则有丰富的核酸。食物中的核酸存在于细胞内，所以细胞多的食物核酸就多，细胞少的核酸就稀疏。如鸡蛋体积虽不小，但只有一个大细胞，牛奶只是牛的分泌液，这两种食物虽含丰富的蛋白质，却含很少的核酸。核酸最丰富的是沙丁鱼，因为这种鱼中含有较多的合成核酸所需要的物质。此外，蛙鱼、龙虾、螃蟹、牡蛎、动物肝脏中也含丰富的核酸。其次，黄豆、扁豆、绿豆、蚕豆、洋葱、菠菜、鲜笋、萝卜、韭菜、西兰花等蔬菜中也含有许多核酸和制造核酸的物质。除了多食核酸食品外，人们亦可服用高浓缩的核酸营养液，及时补足体内核酸的不足，维护基因健康，延缓衰老，预防疾病，健康长寿。

核酸的种类与构成

核酸是在科学家们研究细胞核时被发现的，也就是说，核酸是从细胞核里提取出来的一种酸性物质，所以称之为核酸。按核酸所含糖的种类不同，核酸分为两大类，一种是脱氧核糖核酸，简称DNA；一种是核糖核酸，简称RNA。我们通常意义下的核酸，就是指DNA，它在细胞里含量极少，如果要提出它，比沙里淘金还难。一个鸡蛋里DNA的含量占鸡蛋总量的1/200 000，换句话说，20万个鸡蛋里的DNA的重量，只相当于一个鸡蛋，实在太少了。RNA 的碱基主要有四种：腺嘌呤、鸟嘌呤、胞嘧啶、尿嘧啶。DNA 中的碱基主要也是四种，三种与 RNA 中的相同，只是胸腺嘧啶代替了尿嘧啶。

在真核细胞中，DNA 主要集中在细胞核内，占总量的 98% 以上。不同种生物的细胞核中 DNA 含量差异很大，但同种生物的体细胞核中的 DNA 含量是相同的，而性细胞仅为体细胞 DNA 含量的一半。此外，线粒体和叶绿体等细胞器中也均有各自的 DNA。DNA 和 RNA 都是由单个核苷酸连接而形成的。RNA 平均长度大约含有 2 000 个核苷酸，而人的 DNA 分子却很长，约为 3×10^9 个核苷酸组成。

DNA 是真核生物染色体的主要成分。染色体 DNA 分子中的脱氧核苷酸顺序（碱基顺序）是遗传信息的贮存形式，亦即遗传的最小功能单位——基因，就是 DNA 分子上具有遗传效应的特定核苷酸序列，其编码表达的产物是 RNA 或多肽链。DNA 通过复制把全套遗传信息传递给子代 DNA，并通过转录把某些遗传信息传递给 RNA。原核细胞没有明显的细胞核结构，DNA 存在于称为类核的结构区，也没有与之结合的染色质蛋白，每个原核细胞只有一个染色体，每个染色体含一个双链环状 DNA 分子。原核细胞染色体之外还存在能进行自主复制的遗传单位，称为质粒。某些低等真核生物（如酵母）中也存在质粒。在 RNA 病毒中，RNA 携带遗传信息。因此，在少数的生物有机体中，RNA 也是 RNA 病毒中的遗传物质。

细胞内的 RNA 主要存在于细胞质中，约占 90%，少量存在于细胞核中。细胞中的 RNA 有 3 种：①含量最少的信使 RNA（mRNA），约占细胞总 RNA 的 5%，mRNA 在蛋白质生物合成中起着决定氨基酸顺序的模板作用；②含量最多的核糖体 RNA（rRNA），约占细胞总 RNA 的 80%，它与蛋白质结合构成核糖体，核糖体是合成蛋白质的场所；③相对分子质量最小的转移 RNA（tRNA），约占细胞总 RNA 的 10% ~ 15%，在蛋白质合成时起着携带活化氨基酸的作用。此外，叶绿体、线粒体中也有各自与细胞质不同的 mRNA、tRNA 和 rRNA。

最近 20 年研究发现，朊病毒是一类能引起绵羊瘙痒病、疯牛病等种疾病的蛋白质性传染粒子。就目前所知的无论是病毒，还是类病毒都含有核酸，而朊病毒不含有核酸。朊病毒的复制方式比较独特，它不通过核酸复

人体中奇妙的化学反应

RENTIZHONG QIMIAO DE HUAXUE FANYING

制或反转录过程进行繁衍，而是以构象异常的蛋白质分子为引子，诱使正常的朊病毒蛋白分子发生构象异常变化。朊病毒蛋白是细胞中编码朊病毒蛋白基因的正常表达产物，其正常功能尚不完全清楚，只是有的学者发现，正常朊病毒蛋白功能丧失会引起突触丧失和神经元退化。正常朊病毒蛋白对蛋白质水解酶很敏感，学者把其代号定为 PrPc。一旦这种蛋白质分子的构象由 α 螺旋转变为 β 折叠式，那么它就变成了具有致病感染力的分子，其代号为 PrPsc。因此，所谓的朊病毒蛋白应该是指具有致病能力的 PrPsc 分子。

在低等细胞，如支原体和细菌中，DNA 不和其他分子结合，而独立活动。但在动植物、真菌、酵母及高等藻类中，DNA 大部分存在于细胞核内的染色体上，它与蛋白质结合成核蛋白。核酸（DNA）是由成千甚至上百万个核苷酸组成。那么，我们可以打个不太恰当的比方：染色体像一座由许多房间组成的大楼，基因就像一个一个的房间，而核苷酸就像一块一块的砖。

现在，让我们来考察一下染色体这座大楼，考察一下每个房间的建筑材料的砖块——核苷酸。取下一块砖来粉碎，我们看到，这块砖是由磷酸、戊糖、有机碱 3 种不同原料构成的。它们三者是怎样组成核苷酸的呢？有机碱是一种含氧的环状分子，它和戊糖结合成碱基，又称核苷，核苷再与磷酸结合，就成了核苷酸了，这样造楼的一块砖就做好了。核苷酸的性质是由碱基决定的，组成 DNA 的碱基共有 4 种：腺嘌呤、胸腺嘧啶、胞嘧啶、鸟嘌呤。

最后，我们再来看看核苷酸是怎样砌"墙"，以及"墙"的形状是怎么样的。我们已知道，这个"墙"即是核酸 DNA。科学家告诉我们，DNA 的分子结构呈双螺旋结构，DNA 分子有 2 条核苷酸链，每条链由一个接一个的核苷酸组成，连接得非常稳，两条链并排盘绕成双螺旋，像一个拧成麻花状的梯子。磷酸和糖构成了梯子两边的骨干，碱基双双相对地排列着，形成了梯子骨干间的横干。

不过，你不能用它来上楼，因为它太窄了，这架梯子宽 20 埃（1 埃 = 1/108 米），连最小的人的一只脚都放不下。实验证明，嘌呤分子和嘧啶分子大小是不一样的，嘌呤大，嘧啶小。如果 2 个嘌呤分子相连，超过 20

167 神秘化学世界

埃，梯子就不够宽；如果2个嘧啶分子相连，又达不到梯子的宽度。因此，可以设想是一个嘌呤与一个嘧啶相连，构成了梯子间的横干。另外，虽然不同生物的核苷酸成分不同，但每种生物的DNA中，C的含量一定与G相同，A的含量一定与T相等，这样C与G、A与T相互配对时，才不致有谁多了而遭冷落。由于碱基实行这种互补配对，我们就可以在知道了一条链上的碱基序列后，而推知另一条链上的碱基序列。如一条链上碱基序列是AGACTG，那另一条链上的碱基序列必定是TCTGAC。碱基配对，这就是建造染色体这座大楼时采用的砌砖方法。

知识点

真核生物

真核生物是所有单细胞或多细胞的、其细胞具有细胞核的生物的总称，它包括所有动物、植物、真菌和其他具有由膜包裹着的复杂亚细胞结构的生物。

真核生物与原核生物的根本性区别是前者的细胞内含有细胞核，因此以真核来命名这一类细胞。许多真核细胞中还含有其他的细胞器，如线粒体、叶绿体、高尔基体等。

延伸阅读

人造核酸与白血病

日本工业技术院产业技术融合领域研究所在出版的《自然》杂志上发表论文称，已开发出了治疗白血病的人造核酸。这种人造核酸就像一把剪刀，可发现引起白血病的遗传基因并将其剪除。科研小组的成员、东京大学研究生院教授多比良和诚根据动物实验结果认为，这种人造核酸将来有望成为治疗白血病的主要药物。

这次研究的对象是慢性骨髓性白血病（MCL），患者的异常遗传因子是由2个正常的遗传因子连接而成的，新开发的人造核酸可以发现这种变异遗传基因并将其切断。科学家过去也发现过能找到特定的遗传因子序列并将其切断的分子，但在切断特定遗传因子序列的同时往往对正常细胞造成伤害。而新开发出的核酸只在发现异常遗传因子时才被激活，平时则潜伏不动。

科研小组用人体白血病细胞进行了动物实验。他们将可与人造核酸反应的细胞和不可与人造核酸反应的细胞分别注射到8只实验鼠的体内。移植后第13周时，不与人造核酸反应的细胞全部死亡，而与人造核酸反应的细胞全部存活，证明人造核酸在生物体内十分有效。

科研小组说，此人造核酸的临床应用尚有诸多问题要解决，将来很可能是把患者的骨髓细胞抽出来，经人造核酸处理后，再把正常细胞的骨髓输回患者体内。

核酸生物前景广阔

由于核酸生物学功能的发展，进一步促进了核酸化学的发展。尤其是20世纪50年代以来，用于核酸分析的各种先进技术的不断创造和使用，用于核酸的提取和分离方法的不断革新和完善，从而为研究核酸的结构和功能奠定了基础。对核酸分子中各个核苷酸之间的连接方式已有所认识，DNA分子的双螺旋结构学说已经提出，对有关核酸的代谢、核酸在遗传中以及在蛋白质生物合成中的作用机理也都有了比较深入的认识。

近年来，遗传工程学的突起，在揭示生命现象的本质，用人工方法改变生物的性状和品种，以及在人工合成生命等方面都显示了核酸历史性的广阔远景。随着生命科学技术的进步和生物工程的发展，核酸衍生物以其独特的药理作用形成了一个新兴产业，正日益显示出其重要的作用，核酸药物市场正不断的在发展。

市场研究显示，在日本核酸类产品已形成了大规模产业，它的产值仅次于抗生素和氨基酸。它的重要用途是用做药物、保健品和食品添加剂。

用做食品添加剂的主要是鲜味肌苷酸（IMP）、乌苷酸（GMP）等，产量已达到5000吨。作为保健品，它对促进婴儿生长发育，提高成年人和老年人抗病、抗衰老能力均有显著作用。它作为美容和抗紫外线辐射化妆品也逐渐成为人们生活的必需品。

作为药物在临床已应用于中枢神经、泌尿、代谢和心血管等许多方面。而在美国，核酸药物市场近年来在抗病毒、抗肿瘤方面显示了不可替代的作用。美国FDA批准的治疗艾滋病药物AZT、ddC、ddI都是核酸类物质，抗病毒首选药物三氮唑核苷、阿昔洛韦等也是核酸药物。

抗代谢紊乱、治疗肿瘤药物也大都是核酸类药物。其中有抗恶性肿瘤新药氟铁龙，我国开发的一类新药氯腺苷等等。近年来，开发的反义类核酸药物可通过和mRNA缥合阻止病毒和癌基因表达，其临床使用效果良好的报道越来越多。因此，有人预言，核酸类药物将继磺胺药、抗生素之后成为新一代药物。

我国核酸药物市场起步较早，可以说与日本基本上同步，但由于规模小、产品单一以及技术更新慢等原因，受到日本产品的冲击，几起几落，没有发展起来。进入20世纪80年代以来，我国核酸工业发展较快，一大批产学研开发体已陆续开发出核酸系列产品。

核糖核酸主要从糖蜜中获得。将糖蜜加入高核酵母菌种发酵后，采用浓盐法提取核糖核酸，再将核糖核酸进行各种酶化即可得到多种核苷酸衍生物。例如，将核糖核酸加入核酸酶P1，通过酶化反应可获得腺苷酸、乌苷酸、胞苷酸和尿苷酸。又如将胞苷酸与磷酸胆碱经由啤酒酵母催化，即可制成胞二磷胆碱，将胞苷酸与葡萄糖反应即可获得CTP。以上产品成为核酸类药物的直接原料。核酸药物市场不断的向前拓展。

核酸类药物作为抗病毒药物，以低毒性、不生产抗药性等特点，被广泛应用于临床。用于治疗肿瘤的药物有5-氟尿嘧啶、5-脱氧氟尿嘧啶等。还有些核酸衍生物具有抗肿瘤和抗病毒双重作用，如合成的阿拉伯糖苷类衍生物中的阿糖胞苷、环胞苷，除抗癌外，还用于抗疱疹病毒感染及治疗疱疹性脑炎。

目前核苷酸国内市场需求量较大，国内产量较少，主要是依赖进口。在国际上一直是由日本垄断核酸药物市场，其产量大，80%自用，20%出口。日本国内几乎所有面包、饼干等食品都添加核苷酸。在我国，仅有一部分核苷酸用于抗癌抗病毒药物，食品方面极少应用，核酸药物市场发展前景广阔。

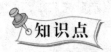 知识点

生物工程

生物工程，是20世纪70年代初开始兴起的一门新兴的综合性应用学科，90年代诞生了基于系统论的生物工程，即系统生物工程的概念。所谓生物工程，一般认为是以生物学（特别是其中的微生物学、遗传学、生物化学和细胞学）的理论和技术为基础，结合化工、机械、电子计算机等现代工程技术，充分运用分子生物学的最新成就，自觉地操纵遗传物质，定向地改造生物或其功能，短期内创造出具有超远缘性状的新物种，再通过合适的生物反应器对这类"工程菌"或"工程细胞株"进行大规模的培养，以生产大量有用代谢产物或发挥它们独特生理功能一门新兴技术。

生物工程的应用领域非常广泛，包括农业、工业、医学、药物学、能源、环保、冶金、化工原料、动植物、净化等。它必将对人类社会的政治、经济、军事和生活等方面产生巨大的影响，为世界面临的资源、环境和人类健康等问题的解决提供美好的前景。

 延伸阅读

我国生物工程的发展

我国的生物工程事业始于20世纪初。1919年成立了中央防疫处，这是我国第一所生物工程研究所，规模很小，只有牛痘苗和狂犬病疫苗，几种死菌疫苗、类毒素和血清都是粗制品。中华人民共和国成立后，先后在北

京、上海、武汉、成都、长春和兰州成立了生物制品研究所，建立了中央（现为中国）生物制品检定所，它执行国家对生物制品质量控制、监督，发放菌毒种和标准品。后来，在昆明设立中国医学科学院医学生物学研究所，生产研究脊髓灰质炎疫苗。生物制品现已有庞大的生产研究队伍，成为免疫学应用研究和计划免疫科学技术指导中心。

在控制和消灭传染病方面，接种预防生物制品效果显著，在公共卫生措施方面收益最佳，这不仅是一个国家或地区，而且是世界性的措施。世界卫生组织（WHO）1966 年发表宣言，提出 10 年内全球消灭天花，1980 年正式宣布天花在地球上被消灭。1978 年 WHO 又作出扩大免疫规划（EPI），目的是对全球儿童实施免疫。EPI 是用四种疫苗预防六种疾病，即卡介苗预防结核病；麻疹活疫苗预防麻疹；脊髓灰质炎疫苗预防脊髓灰质炎；百白破三联预防百日咳、白喉和破伤风，有计划地从儿童开始，使世界儿童都得到免疫。1981 年，我国响应 WHO 的号召，实行计划免疫，按要求用国产四种疫苗预防六种疾病。1988 年以省为单位达到了 85% 的疫苗接种覆盖率。1990 年以县为单位，儿童达到 85% 的接种覆盖率。诊断制剂品种的增多和方法的改进，促进了试验诊断水平的提高；现已应用到血清流行病学以及疾病的监测。我国生产血液制剂已有 30 多年的历史，品种在逐年增加。

随着微生物学、免疫学和分子生物及其他学科的发展，研究生物工程已改变了传统概念。对微生物结构、生长繁殖、传染基因等，也从分子水平去分析，现已能识别蛋白质中的抗原决定簇，并可分离提取，进而可人工合成多肽疫苗。对微生物的遗传基因已有了进一步认识，可以用人工方法进行基因重组，将所需抗原基因重组到无害而易于培养的微生物中，改造其遗传特征，在培养过程中产生所需的抗原，这就是所谓基因工程，由此可研制一些新的疫苗。70 年代后期，杂交瘤技术兴起，用传代的瘤细胞与可以产生抗体的脾细胞杂交，可以得到一种既可传代又可分泌抗体的杂交瘤细胞，所产生的抗体称为单克隆抗体，这一技术属于细胞工程。这些单克隆抗体可广泛应用于诊断试剂，有的也可用于治疗。科学的突飞猛进，使生物制品不再单纯限于预防、治疗和诊断传染病，而扩展到非传染病领域，如心血管疾病、肿瘤等，甚至突破了免疫制品的范畴。

◾◾◾ 传递信息作用的激素

激素音译为荷尔蒙，希腊文原意为"奋起活动"。它对肌体的代谢、生长、发育、繁殖、性别、性欲和性活动等起重要的调节作用。

高度分化的内分泌细胞合成并直接分泌入血的化学信息物质，它通过调节各种组织细胞的代谢活动来影响人体的生理活动。由内分泌腺或内分泌细胞分泌的高效生物活性物质，在体内作为信使传递信息，对机体生理过程起调节作用的物质称为激素。它是我们生命中的重要物质。

现在把凡是通过血液循环或组织液起传递信息作用的化学物质，都称为激素。激素的分泌均极微量，为 hg（十亿分之一克）水平，但其调节作用均极明显。激素作用甚广，但不参加具体的代谢过程，只对特定的代谢和生理过程起调节作用，调节代谢及生理过程的进行速度和方向，从而使机体的活动更适应于内外环境的变化。激素的作用机制是通过与细胞膜上或细胞质中的专一性受体蛋白结合而将信息传入细胞，引起细胞内发生一系列相应的连锁变化，最后表达出激素的生理效应。激素的生理作用主要是：通过调节蛋白质、糖和脂肪等物质的代谢与水盐代谢，维持代谢的平衡，为生理活动提供能量；促进细胞的分裂与分化，确保各组织、器官的正常生长、发育及成熟，并影响衰老过程；影响神经系统的发育及其活动；促进生殖器官的发育与成熟，调节生殖过程；与神经系统密切配合，使机体能更好地适应环境变化。

研究激素不仅可了解某些激素对动物和人体的生长、发育、生殖的影响及致病的机理，还可利用测定激素来诊断疾病。许多激素制剂及其人工合成的产物已广泛应用于临床治疗及农业生产。利用遗传工程的方法使细菌生产某些激素，如生长激素、胰岛素等已经成为现实，并已广泛应用于临床上。

激素广义是指引起液体相互关联的物质，但狭义即现在一般是指动物体内的固定部位（一般在内分泌腺内）产生的而不经导管直接分泌到体液中，并输送到体内各处使某些特定组织活动发生一定变化的化学物质。另一方面，特定的神经细胞形成和分泌的神经性脑下垂体激素等神经分泌物质，则可归入狭义的激素中。

激素是内分泌细胞制造的。人体内分泌细胞有群居和散住 2 种。群居的形成了内分泌腺，如脑壳里的脑垂体，脖子前面的甲状腺、甲状旁腺，肚子里的肾上腺、胰岛、卵巢及阴囊里的睾丸。散住的如胃肠黏膜中有胃肠激素细胞，丘脑下部分泌肽类激素细胞等。每一个内分泌细胞都是制造激素的小作坊。大量内分泌细胞制造的激素集中起来，便成为不可小看的力量。

激素是化学物质。目前对各种激素的化学结构基本都搞清楚了。按化学结构大体分为 4 类：①类固醇，如肾上腺皮质激素、性激素。②氨基酸衍生物，有甲状腺素、肾上腺髓质激素、松果体激素等。③激素的结构为肽与蛋白质，如下丘脑激素、垂体激素、胃肠激素、降钙素等。④脂肪酸衍生物，如前列腺素。

激素是调节机体正常活动的重要物质。它们中的任何一种都不能在体内发动一个新的代谢过程。它们也不直接参与物质或能量的转换，只是直接或间接地促进或减慢体内原有的代谢过程。如生长和发育都是人体原有的代谢过程，生长激素或其他相关激素增加，可加快这一进程，减少则使生长发育迟缓。激素对人类的繁殖、生长、发育、各种其他生理功能、行为变化以及适应内外环境等，都能发挥重要的调节作用。一旦激素分泌失衡，便会带来疾病。

激素只对一定的组织或细胞（称为靶组织或靶细胞）发挥特有的作用。人体的每一种组织、细胞，都可成为这种或那种激素的靶组织或靶细胞。而每一种激素，又可以选择 1 种或几种组织、细胞作为本激素的靶组织或靶细胞。如生长激素可以在骨骼、肌肉、结缔组织和内脏上发挥特有作用，使人体长得高大粗壮。但肌肉也充当了雄激素、甲状腺素的靶组织。

激素的生理作用虽然非常复杂，但是可以归纳为 5 个方面：①通过调节蛋白质、糖和脂肪等三大营养物质和水、盐等代谢，为生命活动供给能量，维持代谢的动态平衡。②促进细胞的增殖与分化，影响细胞的衰老，确保各组织、各器官的正常生长、发育以及细胞的更新与衰老。例如生长激素、甲状腺激素、性激素等都是促进生长发育的激素。③促进生殖器官的发育成熟、生殖功能以及性激素的分泌和调节，包括生卵、排卵、生精、受精、着床、妊娠及泌乳等一系列生殖过程。④影响中枢神经系统和植物性神经系统的发育及其活动，与学习、记忆及行为的关系。⑤与神经系统密切配合调节机体对环境的适应。上述五方面的作用很难截然分开，而且不论哪一种作用，激素只是起着信使作用，传递某些生理过程的信息，对生理过程起着加速或减慢的作用，不能引起任何新的生理活动。

激素在血中的浓度极低，这样微小的数量能够产生非常重要的生理作用，其先决条件是激素能被靶细胞的相关受体识别与结合，再产生一系列过程。含氮类激素与类固醇的作用机制不同。

1. 含氮类激素

它作为第一信使，与靶细胞膜上相应的专一受体结合，这一结合随即激活细胞膜上的腺苷酸环化酶系统，在 Mg^{2+} 存在的条件下，ATP 转变为 cAMP。cAMP 为第二信使。信息由第一信使传递给第二信使。cAMP 使胞内无活性的蛋白激酶转为有活性，从而激活磷酸化酶，引起靶细胞固有的、内在的反应，如腺细胞分泌、肌肉细胞收缩与舒张、神经细胞出现电位变化、细胞通透性改变、细胞分裂与分化以及各种酶反应等。

自 cAMP 第二信使学说提出后，人们发现有的多肽激素并不使 cAMP 增加，而是降低 cAMP 合成。新近的研究表明，在细胞膜还有另一种叫做 GTP 结合蛋白，简称 G 蛋白，而 G 蛋白又可分为若干种。G 蛋白有 α、β、γ 三个亚单位。当激素与受体接触时，活化的受体便与 G 蛋白的 α 亚单位结合而与 β、γ 分离，对腺苷酸环化酶起激活或抑制作用。起激活作用的叫兴奋性 G 蛋白（Gs）；起抑制作用的叫抑制性 G 蛋白（Gi）。G 蛋白与腺苷酸环化酶作用后，G 蛋白中的 GTP 酶使 GTP 水解为 GDP 而失去活性，G 蛋白的 β、γ 亚单位重新与 α 亚单位结合，进入另一次循环。腺苷酸环化酶被 Gs 激活时 cAMP 增加；当它被 Gi 抑制时，cAMP 减少。要指出的是，cAMP 与生物效应的关系不经常一致，故关于 cAMP 是否是唯一的第二信使尚有不同的看法，有待进一步研究。近年来关于细胞内磷酸肌醇可能是第二信使的学说受到重视。这个学说的中心内容是：在激素的作用下，在磷脂酶 C 的催化下使细胞膜的磷脂酰肌醇→三磷肌醇＋甘油二酯。二者通过各自的机制使细胞内 Ca^{2+} 浓度升高，增加的 Ca^{2+} 与钙调蛋白结合，激发细胞生物反应的作用。

2. 类固醇激素

这类激素是分子量较小的脂溶性物质，可以透过细胞膜进入细胞内，在细胞内与胞浆受体结合，形成激素胞浆受体复合物。复合物通过变构就能透过核膜，再与核内受体相互结合，转变为激素 – 核受体复合物，促进或抑制特异的 RNA 合成，再诱导或减少新蛋白质的合成。

此外，还有一些激素对靶细胞无明显的效应，但可能使其他激素的效应大为增强，这种作用被称为"允许作用"。例如肾上腺皮质激素对血管平滑肌无明显的作用，却能增强去甲肾上腺素的升血压作用。

靶细胞

靶细胞是指某种细胞成为另外的细胞或抗体的攻击目标时，前者就叫后者的靶细胞。靶细胞具有与激素特异性结合的受体。含氮激素的受体位于靶细胞膜上，类固醇激素的受体位于靶细胞质内，它们通过靶细胞内不同的信号传递系统，作用于细胞核内相应的基因，从而调节控制该基因的表达，产生相应的功能物质。

皮肤外面的表皮

皮肤是人体面积最大的器官。一个成年人的皮肤展开面积接近 2 平方米，重量约为人体重量的 1/20。最厚的皮肤在足底部，厚度达 4 毫米，眼皮上的皮肤最薄，只有 1 毫米。

表皮是皮肤最外面的一层，平均厚度为 0.2 毫米，根据细胞的不同发展阶段和形态特点，由外向内可分为 5 层。

1. 角质层：由数层角化细胞组成，含有角蛋白。它能抵抗摩擦，防止体液外渗和化学物质内侵。角蛋白吸水力较强，一般含水量不低于 10% ，以维持皮肤的柔润，如低于此值，皮肤则干燥，出现鳞屑或皲裂。由于部位不同，其厚度差异甚大，如眼睑、包皮、额部、腹部、肘窝等部位较薄，掌、跖部位最厚。角质层的细胞无细胞核，若有核残存，称为角化不全。

2. 透明层：由 2 层 ~3 层核已消失的扁平透明细胞组成，含有角母蛋白。能防止水分、电解质和化学物质的透过，故又称屏障带。此层于掌、跖部位最明显。

3. 颗粒层：由 2 层 ~4 层扁平梭形细胞组成，含有大量嗜碱性透明角质颗粒皮肤。颗粒层扁平梭形细胞层数增多时，称为粒层肥厚，并常伴有角化过度；颗粒层消失，常伴有角化不全。

4. 棘细胞层：由 4 层 ~8 层多角形的棘细胞组成，由下向上渐趋扁平，细胞间借桥粒互相连接，形成所谓细胞间桥。

5. 基底层：由一层排列呈栅状的圆柱细胞组成。此层细胞不断分裂（经常有 3% ~5% 的细胞进行分裂），逐渐向上推移、角化、变形，形成表皮其他各层，最后角化脱落。基底细胞分裂后至脱落的时间，一般认为是 28 日，称为更替时间，其中自基底细胞分裂后到颗粒层最上层为 14 日，形成角质层到最后脱落为 14 日。基底细胞间夹杂一种来源于神经嵴的黑色素细胞（又称树枝状细胞），占整个基底细胞的 4% ~10% ，能产生黑色素（色素颗粒），决定着皮肤颜色的深浅。

▉▉▉ 激素的分泌及其调节

激素的合成、贮存、释放、运输以及在体内的代谢过程，有许多类似的地方。

不同结构的激素，其合成途径也不同。肽类激素一般是在分泌细胞内核糖体上通过翻译过程合成的，与蛋白质合成过程基本相似，合成后储存在胞内高尔基体的小颗粒内，在适宜的条件下释放出来。胺类激素与类固醇类激素是在分泌细胞内主要通过一系列特有的酶促反应而合成的。前一类底物是氨基酸，后一类是胆固醇。如果内分泌细胞本身的功能下降或缺少某种特有的酶，都会减少激素合成，称为某种内分泌腺功能低下；内分泌细胞功能过分活跃，激素合成增加，分泌也增加，称为某内分泌腺功能亢进。两者都属于非生理状态。

各种内分泌腺或细胞贮存激素的量可有不同，除甲状腺贮存激素量较大外，其他内分泌腺的激素贮存量都较少，合成后即释放入血液（分泌），所以在适宜的刺激下，一般依靠加速合成以供需要。

激素的分泌有一定的规律，既受机体内部的调节，又受外界环境信息的影响。激素分泌量的多少，对机体的功能有着重要的影响。

1. 激素分泌的周期性和阶段性。由于机体对地球物理环境周期性变化以及对社会生活环境长期适应的结果，使激素的分泌产生了明显的时间节律，血中激素浓度也就呈现了以日、月或年为周期的波动。这种周期性波动与其他刺激引起的波动毫无关系，可能受中枢神经的"生物钟"控制。

2. 激素在血液中的形式及浓度。激素分泌入血液后，部分以游离形式随血液运转，另一部分则与蛋白质结合，是一种可逆性过程，即游离型＋结合型，但只有游离型才具有生物活性。不同的激素结合不同的蛋白，结合比例也不同。结合型激素在肝脏代谢与由肾脏排出的过程比游离型长，这样可以延长激素的作用时间。因此，可以把结合型看做是激素在血中的临时储蓄库。激素在血液中的浓度也是内分泌腺功能活动态的一种指标，它保持着相对稳定。如果激素在血液中的浓度过高，往往表示分泌此激素的内分泌腺或组织功能亢进；过低，则表示功能低下或不足。

3. 激素分泌的调节。已如前述，激素分泌的适量是维持机体正常功能的一个重要因素，故机体在接受信息后，相应的内分泌腺是否能及时分泌或停止分泌，这就要机体的调节，使激素的分泌能保证机体的需要，又不至过多而对机体有损害。引起各种激素分泌的刺激可以多种多样，涉及的方面也很多，有相似的方面，也有不同的方面，但是在调节的机制方面有许多共同的特点。

当一个信息引起某一激素开始分泌时，往往调整或停止其分泌的信息也反馈回来。即分泌激素的内分泌细胞随时收到靶细胞及血中该激素浓度的信息，或使其分泌减少（负反馈），或使其分泌再增加（正反馈），常常以负反馈效应为常见。最简单的反馈回路存在于内分泌腺与体液成分之间，如血中葡萄糖浓度增加可以促进胰岛素分泌，使血糖浓度下降；血糖浓度下降后，则对胰岛分泌胰岛素的作用减弱，胰岛素分泌减少，这样就保证了血中葡萄糖浓度的相对稳定。又如下丘脑分泌的调节肽可促进腺垂体分泌促激素，而促激素又促进相应的靶腺分泌激素以供机体的需要。当这种激素在血中达到一定浓度后，能反馈性地抑制腺垂体或下丘脑的分泌，这样就构成了下丘脑—腺垂体—靶腺功能轴，形成一个闭合回路，这种调节称闭环调节，按照调节距离的长短，又可分长反馈、短反馈和超短反馈。要指出的是，在某些情况下，后一级内分泌细胞分泌的激素也可促进前一级腺体的分泌，呈正反馈效应，但较为少见。

在闭合回路的基础上，中枢神经系统可接受外环境中的各种应激性及光、温度等刺激，再通过下丘脑把内分泌系统与外环境联系起来形成开口环路，促进各级内分泌腺分泌，使机体能更好地适应于外环境。此时闭合环路暂时失效。这种调节称为开环调节。

激素从分泌入血，经过代谢到消失（或消失生物活性）所经历的时间长短不同。为表示激素的更新速度，一般采用激素活性在血中消失 $1/2$ 的时间，称为半衰期，作为衡量指标。有的激素半衰期仅几秒，有的则可长达几天。半衰期必须与作用速度及作用持续时间相区别。激素作用的速度取决于它作用的方式，作用持续时间则取决于激素的分泌是否继续。

激素的消失方式可以是被血液稀释、由组织摄取、代谢灭活后经肝与肾随大小便排出体外。

内分泌

内分泌是指一群特殊化的细胞组成的内分泌腺。它们包括垂体、甲状腺、甲状旁腺、肾上腺、性腺、胰岛、胸腺及松果体等。这些腺体分泌高效能的有机化学物质（激素），经过血液循环而传递化学信息到其靶细胞、靶组织或靶器官，发挥兴奋或抑制作用。激素也称内分泌为第一信使。

延伸阅读

内分泌失调的症状

内分泌紊乱，一般会出现如下症状：

1. 肌肤恶化：很多女性都有过这样的经历，亮丽的脸上突然出现了很多黄斑、色斑，抹了不少的化妆品也无济于事，其实这不只是单单的皮肤问题，这些色斑也是内分泌不稳定时再受到外界因素不良刺激引起的。

2. 脾气急躁：更年期女性经常会出现一些脾气变得急躁，情绪变化较大的情况，出现出汗、脾气变坏等，这可能是女性内分泌功能出现下降导致的。

3. 妇科疾病：妇科内分泌疾病很常见，子宫内膜异位症、月经量不规律、痛经、月经不调等都是妇科内分泌的疾病，还有一些乳腺疾病也和内分泌失调有关，有些面部色斑也是由于妇科疾病造成的。

4. 肥胖"喝凉水都长肉"：很多人经常发出这样的感慨。据内分泌科医生介绍，这可能和本人的内分泌失调有关系，高热量、高脂肪的食物，不注意膳食平衡等饮食习惯也会对内分泌产生影响。

5. 乳房胀痛、乳腺增生：其主要原因就是内分泌失调。乳房更重要的作用则是通过雌激素的分泌促进其生长发育，所以一旦内分泌失衡，紊乱，便容易形成乳腺增生及乳腺癌。

6. 体毛：不论男女，体内的内分泌系统都会同时产生与释放雄性激素与雌性激素，差别在于男生的雄性素较多，女性的雄性素较少，这样才会产生各自的性别特征。但当体内的内分泌失调时，女性雄性激素分泌过多，就可能会有多毛的症状。

7. 白发、早衰：白发早生也可能是个内分泌问题。另外，内分泌失调，尤其是性激素分泌减少，是导致人体衰老的重要原因。

中药在治疗内分泌失调这方面有着独到的功效，它通过调整内分泌、活血化瘀、行气补血，达到气血平衡，逐步清除体内代谢淤积，使内分泌恢复正常状态。

几种重要激素的介绍

甲状腺激素

甲状腺这个词对于许多人来讲，是一个较为陌生的词汇。甲状腺是人体最大的一个内分泌腺，位于颈前下方的软组织内。甲状腺的形状呈"h"形，由左、右2个侧叶和连接两个侧叶的较为狭窄的峡部组成。甲状腺重量变化很大，新生儿约1.5克，10岁儿童约10克~20克，一般成人重量为20克~40克，到老年甲状腺将显著萎缩，重量约为10克~15克。

甲状腺的结构和功能单位是滤泡，甲状腺滤泡大小不一，其形态一般呈球形、卵圆形或管状，其主要功能是分泌甲状腺激素。滤泡腔由单层上皮细胞围成，其中央是滤泡腔，内含胶质，是甲状腺激素的储存场所。滤泡旁细胞，又称降钙素细胞，多位于滤泡壁上，也可在滤泡间质中，可单独存在，也可以聚集成群。滤泡旁细胞较滤泡细胞大，形状可为卵圆形或梭形。滤泡旁细胞的主要功能是分泌降钙素。

甲状腺激素及其作用如下：

（1）甲状腺激素。脑垂体释放促甲状腺激素，这种激素会命令甲状腺释放甲状腺激素，而甲状腺激素可以加速体内细胞的新陈代谢。当血液中甲状腺激素的水平达到某种程度的时候，垂体就不再产生甲状腺激素了。甲状腺素是以一种氨基酸，即以酪氨酸为原料合成的。促使这个合成过程的酶依赖于碘、锌和硒。不管是缺乏酪氨酸，还是缺乏碘、锌或硒，都会降低甲状腺素的水平。

（2）甲状腺激素的作用。甲状腺激素对机体的代谢、生长发育、组织分化及多种系统、器官的功能都有重要影响，甲状腺功能紊乱将会导致多种疾病的发生。因此甲状腺也是人体极为重要的一个内分泌腺。

甲状腺激素具有维持钙平衡的作用。来自甲状腺的降钙素和来自甲状旁腺（附着于甲状腺的4个小腺体）的甲状旁腺素共同协调地发挥作用。甲状旁腺素帮助维生素D转换为一种活性的激素形式，这种活性维生素D有助于促进钙的吸收利用。甲状旁腺激素促进骨骼释放钙元素，而降钙素则将钙元素送回到骨骼中。

肾上腺激素

肾上腺居于肾脏的顶部，它会分泌激素和其他成分，帮助我们应对压力。这些激素，包括肾上腺素、皮质醇和氢表雄酮，都可以通过引导身体的能量分配，促进氧气和葡萄糖对肌肉的供应，生成精神和身体的能量，有助于我们对突发事件及时做出反应。

长期的压力与老化过程的加速密切相关，也与多种消化疾病和激素平衡疾病相关联。靠咖啡、香烟、高糖膳食或压力本身这些刺激过日子，会增加扰乱甲状腺分泌平衡，这意味着新陈代谢会减慢，同时体重会增加，或导致关节炎的危险，或患上与性激素失衡或过量皮质醇相关的疾病。这些都是持续压力所带来的长期副作用，因为任何人的身体系统在受到过度的刺激后，最终都会陷入功能低下的状态。

减轻压力水平的一个途径是减少糖和刺激物的摄入。要能应付长期的压力，就要有足够的肾上腺素。为了生成肾上腺素，我们需要足够的维生素 B_3（烟酸）、维生素 B_{12} 和维生素 C。皮质醇也是一种天然的抗炎症成分，如果没足够的维生素 B_5（泛酸），它就不能生成氢表雄酮。

氢表雄酮是一种至关重要的肾上腺激素，它的水平会因持续不断的压力而下降。少量补充这种激素，可以恢复我们对压力的耐受能力。氢表雄酮可以被用来制造性激素，包括睾酮和雌激素，人们还认为它有"抗衰老"作用。然而，太多的氢表雄酮也会过度刺激肾上腺，导致失眠症。所以最好在肾上腺压力测试显示你缺乏这种激素的时候，再适当补充氢表雄酮。

性激素

性激素（化学本质是脂质）是指由动物体的性腺，以及胎盘、肾上腺皮质网状带等组织合成的甾体激素，具有促进性器官成熟、副性征发育及维持性功能等作用。雌性动物卵巢主要分泌 2 种性激素——雌激素与孕激素，雄性动物睾丸主要分泌以睾酮为主的雄激素。

性激素有共同的生物合成途径：以胆固醇为前体，通过侧链的缩短，先产生 21 - 碳的孕酮或孕烯醇酮，继而去侧链后衍变为 19 - 碳的雄激素，再通过 A 环芳香化而生成 18 - 碳的雌激素。性激素的代谢失活途径也大致相同，即在肝、肾等代谢器官中形成葡萄糖醛酸酯或硫酸酯等水溶性较强的结合物，然后随尿排出，或随胆汁进入肠道由粪便排出。

性激素在分子水平上的作用方式，与其他甾体激素一样，进入细胞后与特定的受体蛋白结合，形成激素 – 受体复合物，然后结合于细胞核，作用于染色质，影响 DNA 的转录活动，导

肉食是富含性激素的原料

致新的或增加已有的蛋白质的生物合成，从而调控细胞的代谢、生长或分化。

1. 雌激素

雌激素系甾体激素中独具苯环（A 环芳香化）结构者，其中雌二醇（又称动情素或求偶素）的活性最强，主要合成于卵巢内卵泡的颗粒细胞，雌酮及雌三醇为其代谢转化物。雌二醇的 2 – 羟基及 4 – 羟基衍生物也具有重要生理意义，自从 1938 年发现非甾体结构而具有类似雌二醇活性的化合物——乙酚以来，已合成的类似物不下几千种，近来已发展到三苯乙烯衍生物，其中有的可作为雌激素代用品，也可作为抗雌激素，这些化合物具有类似雌二醇的空间构型，易于合成，除有一定临床应用价值外，也可为研究雌激素作用原理提供线索。然而其代谢规律不同于甾体化合物，整体效应复杂，使用时需慎重。

雌二醇的合成呈周期性变化，其有效浓度极低，在人和常用的实验动物如大鼠、狗等的血液中含量仅微微克/毫升。雌激素的靶组织为子宫、输卵管、阴道、垂体等。雌激素的主要作用在于维持和调控副性器官的功能。早年利用去卵巢的动物观察其副性器官变化，并与外源补充雌二醇的动物做比较，发现在雌激素影响下，输卵管、子宫的活动增加，萎缩的子宫重新恢复，其腺体、基质及肌肉部分都增生，子宫液增多，阴道表皮细胞增生，表面层角化等。现已发现不仅经典靶组织具有雌激素受体蛋白，许多重要的中枢或外周器官如下丘脑、松果体、肾上腺、胸腺、胰脏、肝脏、肾脏等也均有不同数量的受体或结合蛋白分子。外源雌激素可引起全身代

谢的变化。大剂量的雌二醇可促进蛋白质合成代谢、减少碳水化合物的利用，在鸟类可引起高血脂、高胆固醇，因此对脂肪代谢也有影响。此外，组织中雌二醇对水、盐分子的保留，钙平衡的维持也都有一定影响。雌激素在中枢神经系统的性分化中也起重要作用，而且由于其 2 – 羟基或 4 – 羟基衍生物属于儿茶酚类化合物，与儿茶酚胺等神经介质能竞争有关的酶系，从而相互制约、调控，形成了神经系统与内分泌系统之间的桥梁。这方面的深入研究将可能有助于阐明性分化、性成熟、性行为及生殖功能的神经——内分泌调控机理。

各种形式的雌激素衍生物已广泛应用于避孕、治疗妇女更年期综合征、男子前列腺肥大症以及其他内分泌失调病等。

2. 孕激素

孕酮是作用最强的孕激素，也称黄体酮，是许多甾体激素的前身物质，系哺乳类卵巢的卵泡排卵后形成的黄体以及胎盘所分泌的激素。其主要功能在于使哺乳动物的副性器官做妊娠准备，是胚胎着床于子宫，并维持妊娠所不可少的激素。孕激素的分布很广，非哺乳动物如鸟类、鲨鱼、肺鱼、海星及墨鱼等卵巢中也有孕激素合成。如鸟类输卵管卵白蛋白的生成即受孕酮激活。

孕激素和雌激素在机体内的联合作用，保证了月经与妊娠过程的正常进行。雌激素促使子宫内膜增厚、内膜血管增生。排卵后，黄体所分泌的孕激素作用于已受雌二醇初步激活的子宫及乳腺，使子宫肌层的收缩减弱、内膜的腺体、血管及上皮组织增生，并呈现分泌性改变。孕激素使已具发达管道的乳腺腺泡增生。这些作用也依赖于细胞质中的孕酮受体，而雌二醇对孕酮受体的合成具有诱导作用。孕激素在高等动物体内的其他作用不多，已知大剂量的孕酮可引起雄性反应，药理剂量的孕酮还可对垂体的促性激素分泌起抑制作用，避孕药中所含孕激素的抑制排卵效应，就是对促性腺激素起抑制作用的结果。

3. 雄激素

睾丸、卵巢及肾上腺均可分泌雄激素。睾酮是睾丸分泌的最重要的雄

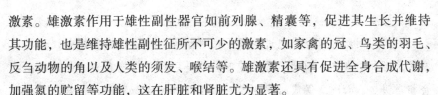

激素。雄激素作用于雄性副性器官如前列腺、精囊等，促进其生长并维持其功能，也是维持雄性副性征所不可少的激素，如家禽的冠、鸟类的羽毛、反刍动物的角以及人类的须发、喉结等。雄激素还具有促进全身合成代谢，加强氮的贮留等功能，这在肝脏和肾脏尤为显著。

雄激素在动物界分布广泛，系19–碳甾体化合物。已有大量人工合成的雄激素，包括酯化、甲氧基化或氟取代的衍生物，或便于口服或具较强的促合成代谢功能，可应用于临床。

雄激素的分泌不像雌激素，无明显的周期性，然而也与垂体促性激素形成反馈关系。睾酮是在血液中运转、负责反馈作用的形式，但在细胞水平起作用时，睾酮常需转化成双氢睾酮，后者与受体蛋白结合的亲和力高于睾酮，雄激素在细胞水平如下丘脑等组织中的另一转化方式是 A 环的芳香化而形成雌激素，致使某些动物的睾丸中雌激素含量甚高。这种转化在中枢神经系统中已经证明与脑的性分化有重要关系。

垂　体

　　垂体位于丘脑下部的腹侧，为一卵圆形小体，是身体内最复杂的内分泌腺，其所产生的激素不但与身体骨骼和软组织的生长有关，且可影响内分泌腺的活动。垂体可分为腺垂体和神经垂体两大部分。神经垂体由神经部和漏斗部组成，腺垂体包括远侧部、结节部和中间部。

延伸阅读

甲状腺激素分泌失调的危害

　　我们是否会觉得很疲劳、老是忘东忘西，或是常觉得心情低落？如果这些情形已经成为我们日常生活中的常态状况，可能就要注意甲状腺是不是出了问题。

甲状腺问题可以分为亢进或不足两种状况。当甲状腺腺体分泌过多的激素，而加速身体各项功能的运作时，就是甲状腺机能亢进，此时的症状会相当明显，心跳急促或心率不整、血压升高、容易紧张、不好入睡或浅眠，或出汗量变多，甲状腺机能亢进的人体重会无故减轻，常觉得沮丧或心神不宁，此外还会导致眼球突出和视力方面的问题。

而甲状腺功能减退或甲状腺功能不足，就是指甲状腺激素分泌不足（过少）或由之所致的病症，是目前最普遍的甲状腺疾病，常伴随而来的状况有疲劳、精神不济、新陈代谢变慢以及因新陈代谢变慢而体重增加，此外还会出现情绪低落或起伏不定，健忘、声音沙哑以及怕冷的情形。对婴儿常导致呆小症，于成人常表现为氧耗量降低、基础代谢率降低、呆滞、昏睡、苍白、智力减退、精神萎靡。

当处于压力较大、身体或心理负担较重，以及过了中年以后，甲状腺比较容易出现分泌失调的问题。甲状腺分泌不正常不但会有以上的这些症状，还会导致胆固醇升高、骨质疏松，并增加罹患心脏病和不孕症的概率。

甲状腺失调虽然对身心状况有许多不良影响，但是一旦发现，是可以用药物控制的，医师建议过了中年或是觉得自己有甲状腺失调的症状时，最好要做促甲状腺激素血液筛检。透过这项血液筛检，医师和病人双方都可以更清楚甲状腺的状况并对症下药。

此外，甲状腺疾病特别好发于女性，所以也有人称甲状腺疾病为美女病。虽然甲状腺疾病可以透过药物控制病情，但是并不太可能根治。而且要特别注意的是，孕妇可能会因为甲状腺分泌不正常而伤害胎儿的脑部发育，而生出智商较低的小孩儿。

基本上，甲状腺疾病的治疗以服药为主，当病况严重时也可能会需要将腺体切除。保养甲状腺是一辈子的事，平时最好不要熬夜、不要太劳累，避免作息不正常，并且注意自己是否有甲状腺失调的症状，年过35岁的女性及超过50岁的男性则应每年定期做筛检。